부모가
함께
자라는
아이의
사회성
수 업

부모가 함께 자라는 아이의 사회성 수업

초판 1쇄 발행 2018년 4월 16일

지은이 이영민
펴낸이 이지은 **펴낸곳** 팜파스
기획편집 박선희
디자인 조성미 **마케팅** 정우룡
인쇄 (주)미광원색사

출판등록 2002년 12월 30일 제 10-2536호
주소 서울특별시 마포구 어울마당로5길 18 팜파스빌딩 2층
대표전화 02-335-3681 **팩스** 02-335-3743
홈페이지 www.pampasbook.com | blog.naver.com/pampasbook
이메일 pampas@pampasbook.com

값 14,000원
ISBN 979-11-7026-198-8 (03590)

이 도서의 국립중앙도서관 출판시도서목록(CIP)은 서지정보유통지원시스템 홈페이지
(http://seoji.nl.go.kr)와 국가자료공동목록시스템(http://www.nl.go.kr/kolisnet)에서
이용하실 수 있습니다.(CIP제어번호: CIP2018009091)

부모가
함　께
자라는
아이의
사회성
수　업

이영민 지음

팜파스

아이의 사회성이
아이의 행복을 결정한다

한가한 오후, 카페 맞은편에 앉은 한 부부가 눈에 띈다. 100일쯤 된 사랑스런 아기를 품에 안은 부부는 아기를 보며 도란도란 이야기한다. 저 부모는 아기를 보며 어떤 그림과 꿈을 그리고 있을까? 부모는 자녀가 생기면서 자녀 중심의 생활로 바뀐다. 자녀가 홀로 설 때까지 부모는 여러 방면으로 도와준다. 부모 교육 강사로 만난 수많은 부모들이 자녀에게 바라는 바는 한결같이 '자녀의 행복'이었다. 그렇다면 자녀의 행복한 삶을 어떻게 만들어 줄 수 있을까?

최근 미국 CNBC 방송에서 하버드대가 1938년부터의 성인 삶에 관한 연구를 시작해 지금까지 724명의 삶을 추적한 결과를 보도했다. 연구책임자인 로버트 월딩거(정신과 의사) 박사는 행복하고 성공적인 삶을 영위한 사람들은 가족, 친구 그리고 공동체와의 관계를 중시하는 사람들이었음을 밝혔다. 삶을 가장 좋게 만드는 것은 인간관계이고, 인간관계의 양보다 질 즉 숫자보다 친밀도가 중요하다고 결론지었다. 사람들과의 접촉을 늘리고 함께 공부나 일을 하면서 인간관계를 활기차게 만들기를 조언하였다.(2017.11.1. 문화일보) 자녀의 행복한 삶을 만들어 주기 위해 부모가 해야 할 기초 작업이 바로 '관계' 즉 사람과의 부대낌을 성공적으로 하도록 돕는 일이다.

　부모가 자녀를 소중하게 보듯 다른 사람들도 소중히 바라봐 주면 좋겠지만 현실은 그렇지 않은 경우가 많다. 어쩌면 그런 기대는 부모의 과욕일 수 있다. 부모 밖의 사람들과 자녀가 어렵지 않게 관계를 맺는다면 참으로 다행스럽고 감사하다. 하지만 모든 관계가 그렇게 수월할 리 없다. 어떤 자녀는 누군가와의 접촉이 매 순간 힘겹고 고통스러울 수도 있다.

　서울교육청은 2017년 2차 학교폭력 실태조사의 결과를 지난 12월 10일 발표했다. 여기서 주목해야 할 사항은 학교폭력 피해 경험이 있다고 응답한 학생 중에서는 초등학생이 4249명으로 전체 61.5%를 차지했다는 점이다. 중학생은 27.2%(1582명), 고교생은 10.9%(752명)을 기록했다. 학교 밖(25.6%)보다 교실 안, 복도, 급식실 등 학교 안(65.7%)에서 발생한 비율이 높다. 언어폭력, 집단따돌림 및 괴롭힘, 스토킹, 신체폭행, 사이버 및 휴대전화를 통한 괴롭힘, 금품갈

취의 순으로 피해 양상이 나타났다.

초등생 10명 중 6명이 학교폭력 피해를 당했다고 응답했다는 사실은 폭력사태가 점점 저연령화되고 있다는 점을 보여 준다. 놀랍고 안타깝다. 초등학교 때 이런 피해를 경험한 아이들이 관계의 트라우마를 잘 치유하지 않으면 사람을 접하는 것이 굉장히 고통스럽다. 행복이 좋은 인간관계에 있듯 불행도 힘든 인간관계에 있다. 부모라면 당연히 내 자녀가 가해는 물론 피해도 받지 않고 어떻게 하면 서로 존중하는 친구 관계, 학교 등의 공동체 관계로 행복하게 지내게 할까를 고민할 수밖에 없다.

나는 인간관계론이라는 강의를 하면서 이것이 나 자신과 대학생들의 인간관계를 돌이켜보고 이해하는 데 매우 이로운 이론임을 깨달았다. 또한 실제 상담 과정에서 자녀의 사회성 문제를 호소하는 부모들에게도 중요한 지침으로 활용됨을 보고 여러 부모들과 공유하고자 하는 마음에 펜을 들었다.

이 책은 크게 2개의 파트로 구성된다. 1파트는 자녀의 사회성을 이해하는 데 필요한 개념들을 설명했고, 2파트는 자녀의 사회성 문제들에 대해 구체적인 사례를 중심으로 돕는 내용을 정리했다. 이 책을 통해 자녀의 사회성이 왜 중요한지, 어떻게 도와줄 수 있는지 등을 고민하면서 자녀의 행복한 삶의 길을 찾아가며, 동시에 부모 자신의 인간관계에 대해서도 새로운 통찰을 얻길 소망한다.

끝으로 이 책이 잘 정리되어 나오도록 도와주신 박선희 에디터님을 비롯한 팜파스 출판사 관계자 여러분께 감사의 마음을 전한다. 또한 내게 거울이자 스승이 되어 주는 가족, 친인척, 친구 및 여러 동료들에게도 깊은 감사를 올린다.

소중한 이들과의 더 깊은 만남으로 더욱 행복해질 나의 미래를 꿈꿔 본다.

각골난망(刻骨難忘)의 마음으로

이영민

PART · 02

아이의 사회성 문제, 어떻게 도와야 할까?

─Q&A─

아이의 사회성,
이대로
괜찮은가요?

1

지금 내 아이가
사회성을
빼앗기고 있다

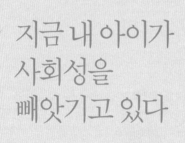

놀이터에서 보낸 시간이
인생의 무엇을 결정하는지
모르는 부모들에게

텅 빈 놀이터의 울림

햇살 밝은 날 동네를 거닐다 간만에 들리는 아이들의 소리가 반가워 소리를 따라 발걸음을 옮겼다. 발길이 머문 곳은 동네의 조그마한 놀이터. 삼삼오오 모인 엄마와 어린아이들의 모습들이 정겹다. 참으로 오랜만에 본 풍경에 옛 기억도 새록새록 돋고 마음도 흐뭇해진다.

놀이터에서 아이들을 만나는 일이 얼마만인가 싶다. 그만큼 참 귀해졌다. 요즘 엄마들은 아이들을 놀이터에 혼자 보내지 않는다. 혼자 놀고 있으면 방치된 아이로 비춰질까 봐 두려워한다. 그리고 정말 그런 아이들이 있어서 잘못 어울리다 아이에게 나쁜 일이 생길까 겁낸다. 혹은 다른 엄마들이 우리 아이를 그렇게 볼까 싶어 아이를 쉽사리 놀이터에 내보내지 않는다. 그러다 보니 이웃 친구들이 놀이터에 자연스레 모여 노는 모습이 점점 줄어들었다.

어느새 달라진 놀이터 풍경에 씁쓸하다. 어릴 적 대문 밖 친구들 소리에 한걸음에 나가 놀던 내 어린 시절엔 놀이터도 없었다. 골목길 따라 우루루 몰려다니며 뛰놀던 개구쟁이들에게는 함께 모인 자리가 바로 놀이터였다. 놀이 기구조차 변변치 않아 머리를 맞대어 놀이를 궁리해야만 했고 여러 놀이를 시도하다 놀이인지 싸움인지 알 수 없이 다투기도 하던 기억이 난다.

그 시절 논 경험은 아직도 내겐 행복한 기억이다. 마땅한 놀이 기구 하나 없는 공터에서 해질녘 어두움도 잊은 채 놀이에 흠뻑 빠져 있던 유년 시절이었다. "저녁 먹어라"라며 외치는 엄마의 부름에 마지못해 들어가야 끝나던 친구들과의 놀이시간이었다.

언제부턴가 놀이 기구만이 덩그러니 놓인 텅 빈 놀이터를 마주하면 애잔한 마음이 든다. 알록달록한 놀이 기구들이 손길도 제대로 닿지 못한 채 녹슬어 간다. 아이들이 사라져 을씨년스런 분위기까지 느껴지는 놀이터는 소위 '노는 아이들'의 우범 지대가 되어 동네의 골칫거리가 되기도 한다.

놀이터가 왜 텅텅 비어졌을까? 그 많은 아이들은 어디로 갔을까? 공부에, 학원에, 컴퓨터에, 게임에 친구들과의 노는 시간을 뺏긴 아이들은 친구와 놀 시간도 부족하고, 시간이 있다 해도 같이 놀 친구가 없다.

점점 아이들이 사라진 놀이터가 무엇을 말하고 있을까? 텅 빈 놀이터는 아이들의 놀 권리가 박탈된 상징이 아닐까 싶다. 아이들을 일찍 직업 전선으로 내모는 것만 아동 인권의 위배는 아니다. 아이들이 놀아야 하는 시기에 놀 권리를 빼앗는 것도 아동답게 살 인권을 제대로 인정해주지 않는 것이다.

아이가 아이답게 누릴 권리를 누리지 못한 채 성인이 된다면 어떤 모습이 될까? 성장을 거부하는 피터팬처럼 어린 시절에 대한 판타지를 품고 고착되어 자라기를 거부하는 자가 되지는 않을까? 혹은 친구들과 노는 법도 모르고 노는 재미도 모르다가 마냥 사람이 불편한 어른이 된다면 어떨까? 과연 부모는 진정 자녀가 이런 아이로 성장하기를 바라는 것일까?

"죽고 싶어요."
9살 필웅이가 보낸 덤덤하면서도 섬뜩한 경고

무엇이 아이들이 놀이터에서 놀 권리를 앗아간 것일까? 아마 많은 대답이 "공부 때문에 시간이 없어요"일 거다. 경쟁적이며 학업을 중시하는 풍토 때문에 부모의 자녀 학업에 대한 열망은 극단적으로 치닫고 있다. 개인적으로 아는 갓 결혼한 신부가 아이가 생기기도 전에 자녀의 학업 계획을 고등학교 과정까지 쫙 짜놓았다는 말을 듣고 놀라지 않을 수 없었다. 몇 년 전에는 유치원 때부터 대입을 준비시킨다는 말이 있었는데 이제는 태아 때부터 이런 준비를 하고 있는 걸 보니 아연실색하게 된다.

실제 아이들의 생활은 대부분 부모의 스케줄표에 의해 움직인다. 우리나라 아이들은 유아기와 초등학교 학생들의 활동이 제일 많고 바쁘다. 학업도 준비하지만 다양한 예체능 활동 때문에 사교육이 제일 많다. 이제 막 학교에 입학한 초등 1년생의 경우, 하교 후 학원으로 전전하다가 밤늦게 잠드는 아이들이 점점 많아진다. 바쁜 부모와 저녁을 함께 먹지 못하는 아이들도 많다. 학교에서 받은 스트레스를 풀 시간도 없다. 부모님의 따스한 위로 한마디를 듣기는 더더욱 힘들다.

초등학교 2학년 필웅이의 이야기가 떠오른다. 아주 무덤덤하게 죽고 싶다는 말을 내뱉던 시크한 표정의 아이. 어린 나이에 왜 그런 생각을 하게 되었는지 묻자 필웅이는 이렇게 답했다. "그냥 죽으면 아무것도 하지 않으니 좋아요."

필웅이가 자주 그린 그림은 편히 관에 누워 있는 자신의 모습이다. 자기가 원해서 하는 건 없고 해야 할 일들은 매일 짜여 있다. 안 하면 엄마에게 꾸중 듣고, 친구들과 놀 시간은 부족하니 뭐 하나 재미있는 게 없단다. 이렇게 재미없는데 죽으면 하지 않아도 되니 편안하지 않을까 하며 그것을 탈출구로 여긴다.

아이들이 내뱉는 '죽고 싶다'는 말 속에는 '나 좀 내버려 둬요. 나도 쉬고 싶어요'란 강렬한 경고가 담겨 있다. 절대 지나치지 말아야 할 중요한 내면의 시그널이다.

놀이시간은 사회성에도 학업에도 필수조건!

최근 뉴스에서 연세대 사회발전연구소 염유식 교수팀이 발표한 '2016 제8차 어린이, 청소년 행복지수 국제 비교 연구' 보고서에 따르면 한국 어린이의 주관적 행복지수는 조사대상인 OECD 국가들 중에서 가장 낮은 82점(평균 100점)으로 확인됐다. 특히나 충격적인 것은 우리나라 어린이, 청소년 중 20%가 '자살충동'을 경험했다는 조사 내용이다.

주관적 행복지수가 낮은 건 아이들이 권리를 제대로 누리지 못한다는 반증이다. 현실을 보자. 시간은 한정되어 있는데 해야 할 학업은 끝도 없다. 놀이는 즐거움이다.(To play is to be fun!) 줄어든 놀이시간은 즐거움의 경험도 앗아간다. 보고에 따르면 우리나라 아이들이 노는 시간 중 게임하는 시간 105분, TV를 보는 시간 106분, 친구들과 함께 노는 건 겨우 30분이다.

아이들의 놀이시간과, 친구들과 함께하는 시간이 줄어들면 무엇이 문제될까? 자유로운 놀이 경험이 없는 것도 문제지만 아이들이 '함께 놀 줄 모르는 것'이 더 큰 문제가 된다. 설상가상으로 유치원이나 학교에서 하는 단체 활동도 자꾸 줄어든다. 세월호, 메르스 등 일련의 사건들을 겪으면서 단체 활동을 제한하는 일들이 기관 차원에서 점점 느는 추세다. 그러다 보니 아이들은 공식적인 기회로 단체 놀이를 경험하는 일도 예전보다 확연히 줄었다. 결국 부모가 노력하든지 아이가 아주 사람을 좋아하는 성향이 아니라면 다양한 형태의 놀이 경험을 해보기는 어렵다.

그래서인지 놀이의 경험도 개인차가 심해진다. 많이 놀아 본 아이와 거의 혼자 지내다시피한 아이로 상반되게 나뉜다. 임상 장면에서 우려되는 건 후자의 아이들이 급격히 늘고 있다는 점이다. 공부머리만 있고 노는 머리가 없다. 공부머리는 똑똑한데 친구들과 노는 건 제 연령에 한참 미치지 못하는 불균형한 모습이 늘고 있다.

최근 뇌 연구에 의하면 사람의 뇌는 하나의 영역만 잘 발달되고 다른 영역에서 발달이 부진한 경우 그 부진한 것의 영향을 받는다. 결국 뇌도 서로 연계되어 영향을 주기에 골고루 발달되어야 뇌 발달도 상승효과를 본다. 즉 100을 최고점으로 할 때 공부머리 80에 사회성 20인 아이보다는 공부머리 50에 사회성

50인 아이가 훗날 더 똑똑해질 가능성이 높다는 이야기다.

일본의 나라현 이치조 고교 교장인 '후지하라 가즈히로'는 놀이를 통해 문제 해결력이 길러진다고 보았다. 아이들은 놀이를 하면서 생기는 문제들을 보고, 어떻게 극복할지, 위기를 어떻게 모면할지를 궁리하게 된다. 자기도 모르게 복잡한 상황에서 다양한 정보를 수용하고 판단하는 기회에 자주 노출되는 것이다. 이를 통해 자연스레 일상 속 여러 문제를 해결하는 능력이 길러진다. 혼자보다 여럿이 노는 놀이에서 복잡한 변화들이 일어난다. 직접 경험하지 않으면 알 수 없는 요인이 많아 놀 때마다 수정해야 하는 부분도 있다. 놀이에는 하나의 정답이 없다는 말이다. 후지하라 가즈히로 교장은 열 살까지는 얼마나 실컷 놀았느냐가 아이의 상상력을 결정한다고 보았다.

아이의 잃어버린 놀이시간만큼 아이의 상상력도, 정보 수집을 통한 문제해결능력도 잃게 된다. 당장의 학업 점수 때문에 아이 인생의 기본 능력을 놓치고 있지는 않은지 자문해야 한다. 아이의 놀이시간은 사회성뿐만 아니라 인지능력에 중요한 요인이다. 가벼이 여기지 말고 잃어버린 시간들을 되돌려 주도록 더욱 관심을 갖자.

우리는 사회성에 대해
한참 잘못 알고 있다

"우리 아이가 친구들이 좋아하고 인정받는 아이가 되었으면 좋겠어요."

부모라면 당연한 마음이다. 자녀가 친구들과 원만하게 지내는 것 같으면 한시름 놓는다. 부모는 아이가 친구들 사이에서 기죽지 않고 당당한 모습이길 바란다. 인기 있고 리더십까지 있다면 더할 나위 없다. 이처럼 친구 관계가 곧 아이 인생의 귀중한 자산임을 부모도 인정한다. 또한 그 어떤 부모도 내 아이가 따돌림에 상처받기를 결코 원치 않는다. 부모는 자녀가 친구들과 잘 어울리고 문제도 안 생기도록 돕고자 한다. 그럼에도 자녀의 사회성을 바르게 기르지 못하는 이유는 무엇일까? 몇 가지 잘못된 생각들이 부모들의 마음을 사로잡기 때문이다.

공부로 인기를 얻는다?

부모들 중 유독 아이의 친구 관계에서 자신 없어 하는 부모들이 있다. 부모 자신이 관계 능력의 어려움이 있거나, 아이 성향 때문에 친구 사귀기가 쉽지 않아 보이면 다른 방안을 궁리한다. 이런 부모들이 차선 혹은 최악을 피하는 방법으로 선택하는 것이 있다. 바로 '우등생 만들기'다.

왜 그럴까? 많은 부모는 공부만 잘하면 자존감이 높은 아이가 될 거라 여긴다. 공부만 잘하면 친구들도 함부로 하지 않고 인정도 받고 인기도 얻을 거라 믿는다. 친구 관계에 서툰데 공부까지 못한다면 아이가 무시당할 거라고 판단한다. 어느 정도 일리가 있어 보인다. 공부도 친구 관계도 안 되는 것보다야 낫지 않을까 하는 마음, 충분히 이해된다.

그런데 진짜 아이들의 세계에서도 그럴까? 공부로 아이들 사이에서 인정받으려면 전교 1% 정도의 최상위거나 한 분야에서 천재적 역량을 보일 때다. 그런 경우 친구들에게 인기를 얻는다기보다는 잘하는 것을 인정해주는 분위기다. 하지만 중상위권 성적이라면 얘기가 달라진다. 공부를 잘하는 걸 별로 중요하게 보지 않는다. 오히려 친구 관계를 어떻게 맺느냐가 더 중요하다. 관계 형성이 조금이라도 부자연스럽다면 바로 갈등으로 이어진다. 특히 사춘기가 시작되면 친구들 사이에 가장 듣기 싫은 말 중 하나가 '범생이'다. 공부는 착실히 해도 친구들의 문화에 눈치껏 어울리거나 공유하지 않으면 그냥 '공부만 잘하는 답답이'가 된다.

공부만 잘하는 것은 부모의 생각처럼 친구 관계를 보장해주지 않는다. 오히려 관계 능력이 부족하면서 공부 잘하는 아이는 경쟁과 시기의 대상이 되어 더 괴롭힘의 타깃이 되기도 한다.

· 오해 2 ·

좋은 인맥을 만들어 주어야 한다?

부모들의 강박적인 생각 중 하나가 "좋은 친구는 좋은 자산이 된다."다. 특히나 인맥을 중시하는 부모들은 끝없이 상위 그룹을 지향하는 모습을 보인다. 이들은 공부를 잘해야 좋은 친구도 사귀고, 좋은 환경의 사람들을 만날 기회가 많아지리라 생각한다. 아이를 상위 그룹에 끼게 하려고 엄청나게 공부를 시키거나 값비싼 놀이 학교나 영어 유치원, 사립학교, 학원에 보낸다. 지금부터 해야 좋은 사람들과 일찍 인맥이 뚫려 앞으로의 롤 모델도 만나고 사회생활에도 도움이 된다고 철석같이 믿는다. 그들과 계속 경쟁하면서 능력을 쌓게 될 거라 믿는다. 그러다 보니 아이는 자기 나이와 상관없이 엄청난 선행학습을 해야만 한다.

한 어머님의 고백이 생각이 난다. 학교 입학도 안 한 아이를 혹독하게 공부시키면서도 한편으로는 그런 아이가 안쓰럽다고 말했다. 그녀는 그러면서도 아이 공부를 놓는 걸 힘들어했다. 왜 그렇게 공부를 시키는지 묻자 지금 힘들지만 이렇게 해야 나중에 성공하고 좋은 친구들을 사귀어 아이도 부모에게 고마워할 거라고 답했다. 부모는 자녀를 돕는다며 나름 부모 역할을 잘하려고 애쓰고 있는 것이다. 하지만 아이가 그것을 정말 고마워할까?

실제 임상에서 본 아이들은 대부분 정반대의 이야기를 한다. 부모는 자녀가 원하는 사랑보다 자신이 주고 싶은 사랑을 주고 있기 때문이다. 인생 지도를 부모가 그려 놓고 아이를 거기에 맞춘다. 아이가 부모의 뜻대로 잘 끼워지면 다행이지만 혹시 맞지 않은 모양을 억지로 끼우고 있다면 아이는 고통스럽기 짝이 없다. 결국 나중에 부모에게 남는 건 자녀의 지독스런 원망과 증오뿐이다.

· 오해 3 ·

사회성은 책으로 배울 수 있다?

공부를 잘하면 친구 관계에 도움이 될까? 이 말은 바꿔 보면 공부를 못하면 친구 관계가 나빠질까? 답은 '공부가 친구 관계를 해결하는 열쇠는 아니다'다. 공부를 잘하는 아이가 왕따를 당하기도 하고, 공부를 못하는 아이가 리더가 되기도 한다. 왜냐하면 친구 관계를 결정짓는 것은 공부가 아니라 사회성이기 때문이다.

사회성은 공부와는 전혀 다른 방식으로 습득되고 형성된다. 공부는 이론적으로 글자라는 형태의 책을 통해 충분히 실력을 기를 수 있다. 하지만 사회성은 이론적인 이해만으로 길러지지 않는다. 한마디로 책으로만 사회성을 기를 수 없다. 사람과 사람의 부대낌이 필요하다. 직접 대면해서 사람 관계의 맛을 봐야 한다. 공부는 혼자 원하는 방식대로 할 수 있다. 하지만 사회성은 혼자서 배울 수가 없다. 관계의 대상이 반드시 필요하다.

'친구 문제가 공부로 해결된다'는 것은 제대로 놀 줄 모르는 아이를 공부로 해결하려는 것이다. 원인에 맞는 해결책이 아니다. 원인은 사회성에 있는데 해결은 공부로 하려 한다. 오히려 공부를 더 시키면서 아이의 노는 시간을 더 줄여 사회성이 더욱 결핍되게 만드는 모순을 보인다.

결핍이 되면 욕구가 제대로 채워지지 못해 욕구불만 상태가 된다. 이 상태가 계속되면 언젠가 문제 양상이 봇물처럼 쏟아져 나온다. 주로 초기 사춘기에 이르러 아이들이 부모와 동등해지려는 내적 힘이 생기며 문제가 강하게 터져 나온다. 최근 사춘기 양상이 매우 거칠어지는 데는 어릴 적 놀이 경험과 친구 경험이 제대로 쌓이지 못한 것이 주요하다고 본다.

자녀의 사회성 교과서는 친구와의 직접 또는 간접적인 교제다. 친구끼리 SNS도 중요한 교제 도구다. 부모는 이러한 접촉의 다양성을 이해하고 여러 관계를 경험하도록 해야 한다. 글로, 말로, 행동으로 어떻게 사귀는지를 직접 해 봐야만 알 수 있는 게 사회성이다.

· 오해 4 ·

친구는 나중에 다 사귀게 된다?

가끔 "친구 좀 못 사귀면 어때요? 공부 잘하면 나중에 다 사귀게 될 텐데…." 라고 하는 부모가 있다. 공부도 때가 있다면서…. 부모들이 간과하는 것은 '사회성의 적기'다. 앞서 언급한 것처럼 자녀의 빼앗긴 사회성이 결코 학업으로 대체되지 않는다. 사회성의 습득 시기를 놓치면 이에 대한 문제는 반드시 발생한다.

빼앗긴 사회성은 아이 성장의 인과응보처럼 큰 걸림돌로 나타난다. 사회적 욕구가 결핍되면 무의식적 문제나 대인관계뿐만 아니라 부모가 중시하는 학업

조차 힘겹게 만드는 요인이 된다. 우리나라 부모는 특히 학업에 방해를 보여야 자녀의 심리적인 문제를 심각하게 받아들인다. 친구 문제가 있어도 공부를 잘하면 관계 문제를 소홀히 여기는 경향이 높다. 공부에서 문제가 생겨야 부모는 자녀가 학업에 손을 놓는 진짜 원인을 찾으려 애쓴다.

친구 사귀기의 씨 뿌리는 시기는 36개월 이후부터다. 초등학교 저학년을 거쳐 꽃이 피어나고 이를 바탕으로 사춘기 때 자신에게 맞는 친구를 찾아 우정이라는 열매를 맺는다. 씨 뿌리고 꽃피는 시기가 늦어지면 사회성의 열매는 그만큼 얻기 힘들어진다.

사회성의
곪은 상처가 사춘기에 터지면
걷잡을 수 없다

사회성의 결핍에 대한 반항이 봇물처럼 쏟아지는 시기가 있으니 바로 사춘기다. 사춘기가 되면서 물 만난 고기마냥 놀려는 아이들투성이다. 요즘 아이들은 더욱 그렇다. 사춘기가 오면서 집중의 어려움이 생기고 자신도 알 수 없는 부정적인 감정과 싸우면서 공부에 게을러지거나 아예 손을 놓으려 한다. 부모들은 "아이가 공부와 담을 쌓고 있어요"라고 호소한다.

심한 경우에는 단순히 학업 흥미가 떨어지는 정도에서 끝나지 않고 친구와 어울리느라 집도 나가고 학교도 안 가려 한다. 한 중학생 아이가 떠오른다. 중학교 2학년 서현이는 외동이로 늘 사랑받았다고 하는데, 중학교에 들어가 공부에 손을 놓아 부모를 애타게 만들었다. 서현이는 초등학교에 가면서 친구들과 잘 어울리지 못해 힘들어해서 부모와 함께 4학년 2학기 때 미국에 갔다가 부모는 먼저 들어오고 5학년을 홈스테이로 지내다 귀국했다. 사실 서현이는 부모와 같이 들어오고 싶었는데 영어 실력을 쌓길 바라는 부모의 일방적인 요구로 남았던 모양이다. 부모 생각에는 서현이가 떨어져 지내면서 의존도 줄고 독립심이 생기지 않을까 기대했단다.

그런데 홈스테이 주인은 한국식으로, 하교 후에는 집에서 수학과 다른 과목들을 공부하도록 엄격히 다스렸다. 서현이는 집주인의 눈치를 보며 밖에 나가 친구들과 어울릴 시간도 거의 없었다. 귀국해서 6학년 친구들과 사귀는 데도 삐거덕거렸고 힘들어했다. 중학교에 와서는 공부 양도 많아지고 친구 관계도 나아지지 않아 더 힘들어했는데, 엄마가 이런 서현이에게 성적이 잘 안 나온다고 잔소리를 했다고 한다. 하지만 사춘기가 온 서현이도 더 이상 고분고분하지 않아 갈등을 빚게 되었다.

끝내 서현이 부모도 아이를 감당하기 힘들다며 상담실을 방문했다. 서현이는 어릴 때부터 부모가 친구를 사귈 기회도 안 줬고 미국에서도 혼자 얼마나 힘들었는데 이젠 자기 마음대로 하고 싶은 것, 놀고 싶은 것을 하겠다고 주장한다. 근데 부모가 보기에는 지금 노는 친구들 중에 술 담배도 하고 위험한 아이들도 많아 보여 걱정이라고 한다. 서현이는 자신의 친구를 뭐라 하는 부모가 더 싫단다. 어릴 때부터 부모가 한 번도 자신의 것을 인정해주지 않았다며 저항한다. 부모에 대한 분노가 사춘기에 터져 전에 없는 모습으로 무섭게 아이는 일탈하고 있다.

경중은 있겠지만 사춘기가 되면서 서현이처럼 행동하는 아이들이 급격히 늘어난다. 아무리 발달상 자연스런 모습이라고 해도 사춘기는 부모에게 견디기 힘든 시기다. 만약 자녀가 심한 일탈로 간다면 부모와의 갈등은 불 보듯 뻔하다. 서현이처럼 자기 마음대로 놀려는 아이도 있지만 꿈쩍도 하지 않으려는 아이도 있다. 어른과 계속 다투기도 하고 이성 친구에게 빠지기도 하는 등 아이에게 공부는 더 이상 관심 대상이 되지 않는다.

심각한 경우는 자신의 기본 생활 즉 학교나 학원 등을 완전히 벗어나 충동적인 삶에 빠져드는 때다. 충동성을 사춘기 뇌의 문제로 이해해야 한다지만 정도를 넘어서는 폭언, 폭행, 일탈, 분노 폭발들에는 분명 다른 이유가 있다. 즉 '너무 이른 시기에 학업에 지친 아이들이 사춘기를 틈타 자신의 욕구를 분출하는 모습'일 수 있다.

한마디로 '제때 제대로 놀지 못해서 생긴 병'이다. 늦게 문제가 나타날수록 양상도 심해진다. 사회성 발달이 더딜수록 뒤늦게 노는 맛에 빠지는 강도도 그만큼 강력해진다.

자꾸 더 놀 거란 부모의 걱정, 친구 눈치 보는 아이로 만든다!

내담자인 중학생 아이가 초등 6학년 후배들에게 가장 많이 하는 말이 "초딩 때 실컷 놀아라"라고 한다. 아이들의 마음에 늘 놀이에 대한 그리움이 있나 보다. 그러다 문득 '공부는 지칠 만큼 해봤는데 놀이를 지겨울 만큼 해본 아이들이 몇이나 있을까?'란 생각이 든다.

부모는 왜 자녀의 놀이를 충분히 허락하지 못할까? 부모 상담에서 가장 많이 나오는 말 중 하나가 아이들에게 놀게 하면 자꾸 더 놀기만 하기 때문이란다. 적당히 멈출 줄 알아야 하는데 아이들이 그렇지 않다는 거다. 부모는 아이들이 노는 것에는 절대 만족이라는 게 없다고 본다. 놀아도 계속 놀고 싶은 게 아이들의 마음이라고 여긴다.

정말 아이들은 놀이에 대해 멈춤이 어려울까? 부모가 아이와 건강한 관계로 잘 지내왔다면 분명 아이들 내면에는 자신의 욕구를 조절하는 감각이 생긴다. 모든 아이는 자신이 나빠지길 바라지 않는다. 그래서 자신의 놀이를 노는 것으로만 그치지 않으려 한다. 그것을 바탕으로 '자신다움'을 발휘하고 싶다. 놀이라는 휴식을 활용하는 요령도 생긴다. 그래서 잘 놀다 오면 다음에 공부에서 집중하는 모습도 늘어난다.

이러한 사실을 부모는 잘 믿지 못한다. 아니 안 믿겨진다. 특히 첫째이거나 외동처럼 자녀를 처음 키우거나 부모의 통제가 강할수록 아이가 지닌 조절의 힘을 믿지 않는다. 부모는 아이가 노는 것에 불안이 많다. '놀다가 놓치면 따라가지 못한다.'는 근거 없는 무한 경쟁의 마인드 때문이다.

실컷 놀렸는데도 아이가 멈출 줄 모른다고 말하는 부모를 자세히 보면 부모가 생각하는 놀이시간이 정해져 있다. 아이가 원하는 만큼 놀이시간을 주는 경우는 참 드물다. 정말 갈증 나게 찔끔찔끔 놀게 하면서 너무 많이 논 거 아니냐고 반문하는 부모도 많다. 혹은 말로는 못 놀고 있는 자녀가 불쌍하다고 하지만 나중을 위해 지금 놀이를 참도록 강요한다.

그런데 이렇게 놀지 못하고 자란 아이들 중에는 서현이처럼 뒤늦게 노는 데 빠져 공부 관심이 없어진 경우뿐만 아니라 놀지는 않아도 공부를 놔버리는 아이들도 많다. 그냥 공부가 지겨워진 아이들이다. 공부 안 하는 것만으로도 지겨움에서 벗어나니 논다고 생각한다. 결국 부모가 공들인 아이의 학업을 망치는 일이 부지기수다.

어찌 학업만 문제가 있을까? 놀이 경험이 부족한 아이들이 관계의 고통을 더욱 호소한다. 사춘기가 되면서 관계의 이중화가 뚜렷해진다. 부모와 친구를 대하는 태도가 판이하게 다르다. 아이들의 삶에서 가장 중심이 되는 건 '친구'다. 이 말은 친구 관계가 좋다는 의미가 아니다. 친구의 시선, 평가, 관점 등을 중시해 그들의 눈치를 보는 일이 늘어난다는 의미다. 아이는 친구 눈에 비친 나를 보기 시작한다. 친구들에게 인정받을 수 있는 길을 고민한다. 이 과정에서 놀이 경험이 적은 아이들이 주체적인 자기보다는 친구들의 시선에만 전전긍긍한다. 아이는 자신 있게 자신을 드러내지 못해 고통을 겪는다. 그래서 우울해지고 불안해진다.

결국 사춘기 때 생기는 관계 문제 때문에 부모가 가장 중요시한 학업이 사달이 나고 만다. 자녀가 친구 문제를 넘어서 우울, 분노 폭발 같은 정서 문제까지 보이면 뒤늦게 병리적인 모습에 놀라며 차라리 실컷 놀게 했다면 이렇게 힘들진 않았을 것이라며 땅을 치고 후회하는 부모들이 아주 많다.

그럼에도 불구하고 지금도 늦지 않아!

"공부는 정말 하나도 안 하려 해요 저만 애가 타고… 아이가 미워 죽겠네요."

사춘기가 되면서 학업에 손을 놓는 아이들 때문에 엄마는 애간장이 탄다. 초등학교 저학년까지는 공부도 잘해서 자랑스럽기까지 한 아이들이 갑자기 공부에 손을 떼어 당황스럽고 속상하다며. 왜 갑자기 아이들이 돌변하는 걸까?

줄어든 놀이시간, 늘어나는 학업시간…. 우리나라 아이들의 실제 모습이다. 놀지 않고 공부만 하는 모습이 언제까지 갈 수 있을까? 이른 나이부터 학업을 압박하면 막상 길러야 할 감성과 사회성을 막아 버린다. 이는 발달적으로 비정상적인 성장을 만든다. 어쩌면 아이들은 사춘기를 통해 자신의 비정상적인 발달 균형을 찾으려는 건지 모르겠다. 상담 현장에서 이런 귀결을 너무나 많이 목격한다. 한 대학생은 이렇게 고백했다.

"초등학교 때부터 밤늦게까지 학원을 다니다 중학교에 가서 노는 재미를 알게 되었어요. 정말 놀 수 있는 만큼 실컷 놀았죠. 이것 때문에 엄마랑도 많이 싸웠지만 엄마에게 지고 싶지 않았고 노는 것도 멈추고 싶진 않았어요. 그러다 고등학교에 들어가서 다시 정신 차리고 공부하려니 따라가기가 쉽지 않았습니다."

충분히 놀아 본 경험이 부족한 아이들에게는 이것을 상쇄시키려는 시간이 오기 마련이다. 부모의 바람대로 대학 이후에 이런 마음이 생기면 참 감사한데 아이들이 그렇게 부모의 마음처럼 움직여 주지 않는다.

아이들은 기계가 아니다. 더욱이 공부하는 기계는 아니다. 대부분의 아이들은 사춘기 즈음 자아가 강해지면서 부모의 말에 순종하지 않으려 하고 자기 욕구를 분출시킨다. 그나마 사춘기를 빌미로 그런 목소리를 낸다면 건강하게 자라고 있는 것이다. 부모로서는 공부를 놓고 싶지 않은 마음에 갈등이 되겠지만 자기 목소리를 강하게 낼 줄 아는 사춘기 자녀라면 부모가 그만큼 잘 키운 거다.

사춘기 자녀가 보이는 모습을 존중하자. 지금이라도 자녀의 자율성을 인정한다면 자녀의 거친 반항이나 분노의 시간은 분명 점차 줄어든다. 친구들과 노느라 공부에 소홀한 자녀에게 공부하라는 말만 하는 것이 아니라 잘 놀도록 격려하고 자리도 마련해주자. 부모의 변화가 얼마나 어려운지 안다. 그럼에도 지금 부모가 바뀌지 않으면 아이는 부모와 적이 되어 공부 거부뿐만 아니라 자신의 인생도 망치는 길로 무의식적으로 흘러갈 수 있다.

자녀도 자신이 근사한 사람이 되고 싶다. 부모의 말 이상으로 멋진 인생을 살고 싶다. 하지만 현재 이전 단계의 부족한 욕구가 채워지지 않다 보니 공부에 관심이 생기지 않고 미래를 구체적으로 그리지 못하는 것이다. 사춘기 자녀의 놀이 욕구를 지금이라도 인정하자!

왕따에 대한 불안은
떨칠 수 없다

왕따로 한 꽃이 지다

오늘 또 마음 아픈 소식을 들었다. 부모도 선생님도 전혀 문제의 낌새를 알 수 없을 만큼 모범적이던 아이가 집단 따돌림 때문에 스스로 목숨을 끊은 것이다. 또래 문제로 하루가 멀게 생기는 자살 충동이나 사건은 이 시대에 아이를 키우는 부모의 가슴을 들쑤신다. 부모를 더 괴롭히는 건 도대체 어떻게 해야 따돌림에서 아이를 지켜 낼까 하는 걱정과 불안감이다.

이젠 더 이상 아이들이 말하는 일명 '찌질이'만 괴롭히는 것도 아니다. 모범적이고 학교나 집에서 문제가 없던 아이가 집단 따돌림을 당하면 어른들의 눈으로는 왜 이런 일이 생기는지 알 길이 없어 답답하다. 학교 선생님도 모르게 생기는 일들로 인해 도대체 아이를 어떻게 보호하고 도와야 할지 몰라 무력감에 화도 난다.

그래서일까? 내 아이가 친구 관계에서 사소한 어려움이라도 호소하면 가슴이 철렁해진다. '혹시 우리 애가 미움을 받는 건 아닌가? 아이들에게 괴롭힘을 당하는데도 무서워 말도 못하는 건 아닐까?'란 생각이 스쳐간다.

어쩌면 아이가 '너무나 모범적이어서' 이런 일이 생긴 건 아닐까 생각도 해본다. 친구들과 있었던 일로 부모에게 걱정을 끼치는 게 싫어서 말하지 못한 것은 아닐까? 혹은 부모도 선생님도 자신을 도와줄 수 없다고 생각했을지도 모른다. 그렇게 혼자 짊어지다가 억울하고 분한 감정에 충동적으로 극단적인 선택을 했을 수 있다. 앞서 사건 속 아이도 자기가 괴롭힘을 당했다는 구타 흔적 사진, 카톡 방에서 당한 언어폭력 등을 모든 증거로 남겨 놓았다. 왜 그걸 남에게 알리지 못하고 결국 죽음으로 표현할 수밖에 없었을까? 아직 피지도 못하고 저버린 꽃이 안타깝기만 하다. 또 다른 아이도 지는 꽃이 될까 두렵기만 하다. 어떻게 막아 주어야 할까?

점점 어려지는 왕따 현상

EBS의 교실 실험에서 따돌림을 당하는 그룹과 따돌리는 그룹을 나누어 학교생활에 대한 피드백을 알아보는 연구를 발표했다. 선생님과 친구들의 의도적인 따돌림을 당한 그룹은 매우 당황하면서 학교생활에 흥미를 잃고 수업에도 확연히 위축된 모습이었다. 심지어 실험 도중 속상하고 억울해서 우는 학생도 있었다. 따돌림을 당하는 아이들이 느끼는 심리가 그대로 드러난 실험이었다. 선생님 대상의 실험도 있었는데 선생님도 직접 따돌림을 당해보고 얼마나 그 상황이 고통스러운지를 알게 되었다. 그 고통에 공감해본 사람만이 따돌리는 행동을 자제할 수 있다.

친구들 사이에서 사소한 따돌림은 어쩔 수 없이 일어나는 자연스러운 일이다. 이 과정에서 따돌림의 상처들을 공감하면 서로 따돌리는 양상에 대해 주의하게 된다. 하지만 따돌림의 강도가 세지면 이야기는 달라진다. 임상 장면에서 따돌림을 경험한 아이가 치료 과정에서 내적 힘이 생기면서 자신이 당한 것을 다시 친구들에게 표현하며 그동안 받은 억울함을 공격적으로 해소하고자 따돌리는 모습으로 변하기도 한다. 악순환의 반복이다.

최근 우려가 되는 점은 따돌림 문제가 유치원의 아이에게서도 심각한 수준으로 나타난다는 사실이다. 6살 경희는 유치원을 가기 싫다며 몇 주째 실랑이를 하다가 엄마가 상담실로 데리고 왔다. 알고 보니 6세 반에서 성숙한 축인 A양이 자기 말을 잘 들으면 끼워 주고 아니면 다른 친구들도 모른 체하게 해 아이들을 쥐락펴락했던 것이다. 경희는 그 친구로 인해 함께 놀지 못한데다가 다른 친구랑 놀려고 하면 A양이 다른 친구를 협박해서 "경희랑 놀면 너도 같이 안 논다"고 해 아이들이 경희랑 놀지 못했다. 결국 끼고 싶은데 끼지 못하는 거절감과 혼자 남겨진다는 두려움으로 아침마다 유치원에 가기 싫다고 실랑이를 벌인 거다.

경희가 다니던 유치원은 학업을 중시하는 영어 유치원이었다. 어머님의 말씀에 따르면 담당 선생님이 학업에 심열을 기울이다 보니 또래들의 이런 모습들을 잘 파악하지 못한 모양이다. 만약 선생님이 조금만 더 아이들의 관계에 신경 써주었다면 경희 같은 어린 나이에 친구에게 상처받는 것을 충분히 막을 수 있었을 것이다. 어릴수록 왕따 문제들은 충분히 막을 수 있기에 선생님의 태도는 참 중요하다. 아이들을 공평하게 대하며 놀이 중심으로 비경쟁적인 분위기를 만들면 왕따는 현격히 줄어든다.

유아기 아이들이 "저 유치원에서 왕따예요."라는 말을 서슴없이 할 때면 '벌써 왕따란 말을 알게 되다니.'란 생각에 씁쓸하다. 이제 막 가족에서 벗어난 유아기 아이들이 처음 맺는 또래 관계에서 거부 경험부터 겪는다면 사회적 자존감에 얼마나 큰 충격이 될까.

친구와 함께하는 즐거움을 느끼기도 전에 왕따를 경험한 아이가 과연 친구에게 진정으로 다가갈 수 있을까? 친구를 다시 믿게 되기까지는 어쩔 수 없이 시간이 걸리게 된다. 상처가 아무는 데 시간이 걸리듯 말이다. 저연령화되는 왕따 사건이 무서울 수밖에 없는 이유다.

따돌림의 이유, 줄어든 즐거움과 쌓여 가는 분노

우리 사회는 이 잔인한 행동이 자꾸 독버섯처럼 번져가고 있다. 도대체 어디서부터 잘못이기에 심지어 유치원 때부터 나타날까?

많은 이유가 있지만, 우리 아이들이 너무 이른 나이부터 학업 중심의 경쟁에 내몰리는 것도 큰 원인이 된다. '함께하는 즐거움'을 배우기도 전에 남보다 더 잘해야 하는 '경쟁'을 먼저 배운다. 남을 이겨야 내가 인정되는 '비교'부터 배우고 있다. '또래와 재미있다'는 느낌보다 '또래보다 더 잘해야 한다'는 경쟁과 갈등부터 느낀다. 점점 친구는 불편한 경쟁자가 된다.

또 어린 나이에 과중한 학업 스트레스를 부모에게 표현하기 힘들수록 부정적인 감정을 풀기 위해 친구를 따돌리는 경우도 있다. 이들은 부족한 친구를 감싸 주고 도와주려 하기보다 다르다는 이유로 따돌린다. 혼자 괴롭히기는 어려워도 여럿이 같이 놀리면 쉽게 동조되기도 한다. 전혀 그럴 거 같지 않던 내 아이도 따돌리는 일에 가담할 수 있다는 얘기다. 자기가 따를 당할까 두려워 참여하기도 하지만 내재된 공격성의 욕구도 그 틈에 분출하기도 한다.

따돌리는 아이들은 자신이 무슨 짓을 하는지 모른다는 게 큰 문제다. 많은 가해 학생들이 자신의 잘못을 인정하지 않는다. 따돌리는 아이들이 가장 많이 하는 말이 "그냥 재미로 장난친 것"이다. 재미로 친구를 괴롭혔고 그 친구가 힘들어하는 모습을 장난으로 여긴다. 참 잔인하고 매정한 행동을 하는 아이들의 굴곡진 마음이 어디서 시작되었는지 궁금해진다.

이런 행동의 이유를 들여다보면 그중 하나가 '스트레스를 푸는 법'이다. 놀이문화가 제대로 개발되지 않은 아이들에게 제한된 공간에서 억눌린 감정을 푸는 손쉬운 방법이다. 공부, 경쟁, 비교 등으로 계속 압박받은 채 스트레스를 풀 방법은 모른다. 그래서 만만한 친구를 따돌리면서 해소하려는 모습이다.

따돌림의 또 다른 이유는 아이에게 가정불화, 경제문제 같은 가정 내 스트레스가 많거나 혹은 오랫동안 친구에게 부당함, 억울함을 당한 아이가 다른 친구에게 화풀이하는 경우다.

이유야 어떻든 따돌림이 나타나는 건 아이들의 마음에 화가 많이 있다는 증거다. 따돌림은 다른 친구를 괴롭히면서 쾌락을 느끼는 공격성의 한 형태다.

'나만 아니면 돼!'

따돌리는 아이들은 "그 한마디가 뭐가 대수냐?"고 말한다. 하지만 당하는 아이에게는 각 한마디가 모여 열 마디, 백 마디가 된다. 따돌림은 '장난으로 던진 돌에 개구리가 맞아 죽게 만드는' 식이다. '나 하나쯤이야, 어때?' 혹은 '나만 아니면 돼' 같은 이기적인 생각이 만드는 무서운 폭력이다.

점점 우리 사회에서 남에 대한 생각이나 배려는 찾아보기가 힘들다. 이것은 학업 중심 사회가 되면서 인성교육이 무너진 결과다. 학교는 물론 가정의 인성교육도 사라지고 있다. 부모가 인성교육을 하고 싶어도 시간이 없다. 빨라진 사회, 바빠진 부모, 해야 할 일이 많은 아이들이 함께 소통하고 이해할 시간이 너무도 부족하다. 아이에게 롤모델이 될 어른과 만나는 시간, 깊이가 절대적으로 부족하다.

이것은 아이의 애정결핍이나 조절능력의 부재로 나타나 여러 정서적, 행동적 문제를 만든다. 학교 선생님들은 '문제 학생 뒤에는 문제 부모가 있다'는 공통된 말을 한다. 인성교육을 학교가 책임지는 데는 한계가 있다. 결국 인성교육의 궁극적인 책임은 부모에게로 돌아온다.

아이들의 발달 그래프를 살펴보면 이러한 사실을 더 정확히 알 수 있다. 아이들 발달에서 0세부터 18세까지 꾸준히 성장하여 정비례를 보이는 능력은 '지적교육'이다. 반면 반비례로 그려지는 그래프가 있는데 바로 '인성교육(정서 및 도덕성)'이다.

인성교육은 초등학교 시기를 지나면 더 이상 가르치기가 어려워진다는 말이다. 실제 중학교 이상이 되면 의무적으로 수업을 들어도 행동과는 전혀 상관없어지는 경우가 많다. 그저 착한 답을 할 뿐이다. 인성교육을 체득화할 수 있는 나이는 기껏해야 10살 전후까지다.

내 아이도
나쁜 아이일 수 있다

친구 문제로 상담실을 황급히 찾은 부모들은 "설마 우리애가 이럴 줄은 몰랐어요."라는 말을 하곤 한다. 황당함을 넘어선 황망한 표정 속에는 내가 자식에게 뒤통수를 맞았구나 하는 심정이 비춰진다. 그렇다면 자녀가 정말 부모를 속였을까? 부모 앞에선 보이지 않는 모습이 밖에서 얼마나 있었을까? 그런 생각은 부모를 긴장시킨다. 자녀의 일거수일투족을 볼 수 없는 상황에서 내가 아는 아이의 모습이 진짜가 아니었다면 도대체 어떻게 해야 할까?

내 자녀의 사회성, 과연 문제는 없는가?

자식을 키우면서 한 번이라도 '내 아이가 나쁜 아이일 수 있다'고 생각해본 부모가 몇이나 될까? 같은 대상을 '본다' 해도 각자가 보는 바가 다르다. 사람은 자신이 보고 싶은 것을 본다. 부모도 마찬가지다. 부모가 자녀의 전체를 보기보다는 자신이 보고 싶은 대로 본다. 일반적으로 부모와 자녀의 관계가 좋으면 자녀의 좋은 점을 보려 한다. 부모에게 자녀는 또 다른 자신이 되기도 하기에 자식의 좋은 면을 보며 부모의 우월감을 지키려는 측면이다. 집에서 크게 말썽이 없는 자녀라면 부모는 쉽게 자녀를 좋게 볼 것이다.

그러다 보니 밖에서 아이가 나쁜 행동을 할 거란 생각을 거의 하지 않는다. 부모는 자녀의 행동거지를 살필 책임이자 의무가 있다. 부모 앞에서 보이지 않은 행동을 밖에서는 할 수 있다고 생각해봐야 한다는 이야기다. 내 자녀의 행동이 혹시 다른 사람에게 피해를 주거나 잘못되지는 않는지 점검해야 한다.

부모 눈으로 자녀를 객관적으로 본다는 건 참 어려운 일이다. '등잔 밑이 어둡다'는 말처럼 가깝기 때문에 보이지 않는 부분이 생긴다. 또한 '팔은 안으로 굽는 법'이기에 내 자식 편에 서게 된다. 이를 극복할 방법은 부모 스스로 '내 앞에서 보이는 모습이 전부가 아니다'란 점을 자꾸 상기하는 수밖에 없다. 아이들의 모습은 크게 두 가지다. 하나는 부모 앞에서 보이는 모습과 비슷하게 밖에서 관계를 맺는 경우이고, 또 다른 하나는 부모 앞에서와 상반된 모습으로 밖에서 관계 맺는 경우다.

집 안과 밖의 사회적인 모습이 동일한가?

부모에게 보이는 모습과 밖에서 다른 사람들에게 보이는 모습에서 큰 차이가 없다면 아이가 자신의 감정을 그대로 드러내는 데 별다른 어려움이 없을 것이다. 이것은 부모와 관계가 좋은 경우뿐만 아니라 부모와 관계가 나쁜 경우에도 비슷하게 나타날 수 있다.

집 안팎에서 동일한 자신감을 보이는 아이

부모와 관계가 좋은 아이는 모든 사람들에게 일관성 있게 부모에게 배운 사회적 기술들을 잘 적용해서 표현한다. 이 아이들은 부모와 의사소통이 원활하며 자신의 긍정적인 감정이나 부정적인 감정을 드러내는 데 주저하지 않는다. 부모와 소통하며 긍정 감정이든 부정 감정이든 어느 수위에서 감정 표현을 해야 하는지를 배운다.

친구나 다른 어른들에게 자신의 불편한 감정을 적절히 표현해서 문제를 해결해갈 수 있다. 이런 모습은 안정감이 있고 자신감 있는 아이들에게서 자주 보인다. 자신감이 있는 아이들은 다른 말로 자부심이 있는 것이다. 때문에 상대가 누구인지 간에 자기주장을 잘하면서 당당한 모습을 동일하게 보인다. 상대에 따른 위축이 크지 않다. 자신의 감정을 남이 다 해결해줄 수 없음을 알고 스스로 참아 보고 다스리기도 한다.

집 안팎에서 동일하게 자기감정 표현이 부적절한 아이

부모나 다른 사람에게 보이는 모습이 똑같더라도 자기 맘대로 화를 내고 고집 피우는 모습을 보이거나 심하게 위축되는 아이들이 있다. 부모와의 관계에서 자녀가 적절하게 자신을 표현하거나 조절하는 방법을 제대로 배우지 않아서다. 부모뿐만 아니라 친구나 어른들 앞에서도 자신을 조절하는 행동이 부족하다.

집에서 자신의 감정을 어떻게 표현하고 조절하는지를 제대로 배우지 않으면 지나치게 폭군의 모습이 되거나 역으로 자기감정을 지나치게 억압한다. 학교에서 교사나 친구 관계에서 그런 모습이 자연스레 나타난다. 부모에게 감정을 표현하고 조절하는 법을 배우지 않으면 다른 사람들 앞에서 자신의 감정과 행동을 어떻게 절제해 표현하는지를 모를 수밖에 없다.

집 안과 밖의 사회적인 모습이 다른가?

부모와 다른 사람에게 각각 다른 모습을 보이는 아이에 대해 살펴보자. 이들은 부모에게 짜증내고 다른 사람에게 잘하는 아이와 부모에게 잘하고 밖에서 말썽 피우는 아이로 나뉜다.

밖에서는 good, 집에서는 bad

부모를 무척 힘들게 하는데 막상 밖에서는 잘한다고 칭찬받는 아이들이 있다. 의외의 말에 부모가 더 놀랜다. 이러한 아이는 집에서 감정을 표현하는 것을 훨씬 편하게 여긴다. 밖의 사람들에게는 잘 보이려고 애쓰고 칭찬이나 평가에 민감해 행동을 조심한다. 하지만 집에서는 억압된 감정을 풀어내려고 부모에게 잦은 짜증을 부린다.

스트레스를 푸는 모습을 집에서만 보이는 아이들이 의외로 많다. 밖에서는 불편한 감정을 표현하는 것을 꺼리거나 다른 사람들의 평가에 민감한 아이일수록 그렇다. 다른 사람들에게 '좋은 아이(good-boy, good-girl)'가 되려 한다. 학교에 들어가면서 자존감이 다른 사람의 평가에 의해 결정되는 속성으로 깨달으며 더 남들의 평가를 의식하고 그걸로 자존감을 지키려 한다. 이것은 자연스러운 자기 개념(self-concept)의 발달 모습 중 하나다.

하지만 지나치게 극단적으로 집과 밖의 모습에 차이가 있는 것은 위험하다. 아이가 자신의 감정을 외부 사람에게 드러내는 것을 극히 억압하고 있을 수 있기 때문이다. 특히 불편한 감정을 표현하는 것을 꺼린다면 다른 사람들이 자신을 나쁘게 평가하는 걸 너무 두려워하는 것이다. 이 아이들은 밖에서는 꾹꾹 참다가 힘겨워진 억압을 집에 와서야 풀어 헤친다. 그 대상은 주로 엄마가 된다. 그래서 엄마의 정서적인 역할이 중요할 수밖에 없다. 엄마가 건강하지 않으면 아이의 이런 감정을 받아 줄 힘이 없다.

집은 자녀의 감정을 수용해주는 아주 중요한 안식처다. 어차피 외부 사람과 함께 살아가는 것을 배우려면 자기감정을 어느 정도 참고 갈등을 견디는 힘을 지녀야 한다. 그러다 보니 누구나 집에서는 편하게 자기 기분을 드러내고 싶다. 가장 좋은 것은 집과 밖의 모습이 균형 있게 나타나는 것이다. 어쩔 수 없이 생기는 불균형으로 집과 밖의 모습이 다르다면 차라리 집에서 더 안 좋은 편이 낫다. 최소한 남에게 피해를 주지 않기 때문이다.

밖에서는 bad, 집에서는 good

가장 심각한 경우는 부모가 자녀의 잘못된 행동을 전혀 모를 때다. 부모 앞에서는 너무나 멀쩡하고 예의바른 태도라 부모가 아이를 철석같이 믿는다. 아이의 문제 행동을 들은 적도 없고 전혀 생각도 못해본 부모다. 학교에서 문제를 보이는 학생들(자녀가 가해자인 경우) 중에 부모가 우리 아이가 그럴 리가 없다고 말하는 일이 많다. 어떻게 자기 아이를 그렇게 모를 수 있나 싶을 만큼 아이를 의심하지 않는다. 자녀에 대한 확신인가 싶지만 달리 보면 이것은 자녀의 잘못을 인정하고 싶지 않은 것이다.

건강한 부모는 자신에 대해서든 자녀에 대해서는 장단점을 골고루 인정할 수 있어야 한다. 자녀의 잘못을 잘 보려 하지 않는 부모는 자녀에게 보고 싶은 면만 본다. 완벽한 기대와 편협한 생각으로 자녀의 전체 모습을 보지 못한다. '눈 가리고 아웅 하는 식'으로 자신을 속인다. 부모가 바라는 자녀의 상이 매우 확고할수록 더 심하다.

부모가 강압적이고 지배적으로 양육하면 자녀는 감히 부모를 어기는 것을 생각할 수 없어 부모를 거스르려 하지 않는다. 부모가 엄할수록 자녀는 부모 앞에서 말을 잘 듣는 모습을 보인다. 부모가 기대하는 완벽한 상에도 맞추려고 애쓴다. 그러다 보니 집에서는 내가 하고픈 대로 할 수 없는 게 많아진다. 그러다 점차 밖에서 보내는 시간이 많아지는 나이가 되면 억압된 욕구를 풀기 위해 밖에서는 마음대로 한다.

048

밖에서 갈등을 보이는 경우도 있지만 부모나 다른 선생님이 모를 정도로 교묘하게 친구들을 괴롭히는 경우도 많다. 부모가 무서워 밖에서도 은밀히 행동한다. 아이가 발각되지 않도록 신경 쓰기에 부모는 모르는 경우가 태반이다. 특히 나이가 어릴수록 논리성도, 사회적 인지력도 미숙해 친구들이 아이에게 이용당하는지도 잘 모른다. 마찬가지로 괴롭히는 자녀도 스스로 친구들을 이용하는지 잘 모르고 행동한다. 그냥 무의식적으로 해소되지 않은 자율성의 욕구를 친구에게 풀고 있는 거다.

이런 자녀의 부모들은 상담실에서 만나기도 어렵다. 주변에서 이야기해줘도 웬만해서는 잘 인정하지 않기 때문이다. 부모가 자존심이 상하는 상황을 직면하기 힘들어하기 때문에 정말 큰 문제가 생기거나 선생님이 강력히 검사나 상담을 요구하지 않는 한 자발적으로 상담실에 오지 않는다. 오더라도 아이가 피해자라고 여기며 오는 일이 더 많다.

동조자와 방관자, 가면 뒤에 숨은 또 다른 가해

우리 아이가 사회적인 관계에서 나쁜 아이가 되는 것은 반드시 직접 가해를 했을 때만은 아니다. 가해자가 아니어도 충분히 나쁜 아이가 될 수 있다. '동조자'와 '방관자'의 모습으로 말이다. 이는 공격의 모습을 숨긴 채 사회적 가면을 쓰고 간접적으로 가해하는 양상이다.

동조자

아이들이 친구와 관계가 좋지 않을 때 직접 싸우지는 않지만 옆에서 거드는 모습을 보인다. 아이들은 이런 동조자의 역할을 그렇게 나쁘다고 생각하지 못한다. 첫 번째 이유는 동조하는 행동이 나쁜 것인지를 아예 몰라서다. 그래서 누가 놀리기 시작하면 따라서 장난치며 친구를 괴롭힌다. 생각보다 많은 아이들이 "왜 왕따를 시켰냐?"는 질문에 그냥 재미로 그랬다 한다. 친구가 해서 따라 했다며 장난처럼 대답한다. 친구가 물건을 훔칠 때나 때릴 때 자기는 직접 가담하지 않아도 같이 있는 것만으로도 형법적으로는 처벌받을 수 있다. 그런데 아이들은 이런 상황을 정확히 모른다. 내가 묵인하는 것이 그 행동을 인정하는 모습이 된다는 것을 알려 줘야 한다.

두 번째 이유는 동조하지 않을 때 생기는 위험 때문이다. 사춘기가 시작되는 초등학교 4학년부터는 또래의 눈을 두려워하기 시작한다. 같이 하지 않으면 친구들에게 소외당할까 무서워한다. 친사회적 행동을 닮으면 다행인데 반사회적인 행동조차 닮으려 하기에 문제다. 욕도 그렇고 남자아이들이 힘으로 자신을 드러내려는 것도 같은 맥락이다. 욕도 못하고 힘도 못 쓰면 반에서 '찐따'가 될까 봐 그냥 친구들의 행동을 따라 한다. 부모나 어른들에게는 나쁜 아이가 되기로 작정하고 그냥 친구를 따르는 아이도 있다.

방관자

아예 사회적 갈등에 전혀 개입하지 않으려는 '방관자'도 있다. 누가 누구랑 싸우는지도 관심 없고 말릴 생각도 없다. 철저하게 선을 그어 놓고 관계를 맺는 아이들이다. 남이 안타까운 상황에 처해도 도와주려고도 안 한다. 맞는 친구가 있어도 모른 척한다. 내 일이 아닌데 끼어들면 골치 아프다고 여긴다. 개인적인 모습을 넘어서 이기적이고 냉혈인 같은 아이들이다. 이들은 자신의 행동이 나쁘다고 전혀 생각하지 않는다. 이들 말처럼 자기가 책임을 져서 해야 할 일은 아니다. 하지만 이 아이들에게는 내 것을 희생해서 남을 돕거나 배려하는 등의 따뜻한 마음 자체가 결여되어 있다.

우리 아이는 어떤 모습인가? 내 앞에서는 멀쩡한데 밖에서도 과연 그럴까? 혹시 방관자처럼 냉혈인이 되고 있는 건 아닐까? 들려오는 외부 사건들을 항상 남의 이야기로만 생각해서는 안 된다. 세상 속의 안 좋은 이야기들 중심에 혹시 우리가 있지는 않을까 하는 마음으로 내 아이를 살펴야 한다. 우리 아이가 내가 모르는 순간에 나쁜 행동을 주도할 수도 있고 동조나 방관할 수도 있다. 부모 모르게 아이가 남에게 피해를 주고 있을 가능성이 있다는 생각으로 다른 사람과의 관계에서는 겸손한 마음을 가져야 한다. '내 아이가 절대 그럴 리 없다'는 생각보다는 '혹시 우리 아이가 그런 일을 하진 않았을까?'를 의심하면서 우리 아이의 모습을 점검해보는 자세를 간곡히 부탁드린다.

내 자녀의 따돌리는 모습을 줄이는 방책으로 '가정 안에서는 인성교육을, 가정 밖으로는 자녀에게 놀 기회와 경험을 허용하기'가 있다. 머릿속으로만 인성 개념을 배우는 게 아니라 가족 관계에서, 또래 관계에서 부딪히며 구체적인 사회적 기술을 배우게 돕는다. 부모의 이런 노력은 결국 내 아이가 더욱 안전한 관계에서 행복을 느끼는 열매를 맺는다.

2

아이의
성장 시기마다
사회성의
결정적 요인이
달라진다

발달단계별 내 아이의 사회성 점검표

다음은 자녀의 사회성 발달 정도를 알아보는 점검표다. 문항의 점수를 표기한다. 점수가 보통 이하인 영역은 자녀의 사회성 발달에서 취약한 부분이다. 이를 보완하는 대처방안들을 살펴보고자 한다면 앞으로 다룰 내용을 자세히 참고하기 바란다.

영아기	매우 그렇다	그렇다	보통이다	아니다	매우 아니다
1. 부모는 아이의 타고난 기질을 이해한다.	5	4	3	2	1
2. 부모와 아이의 기질 관계를 이해한다.	5	4	3	2	1
3. 초기 부모(양육자)와 안정적인 애착을 형성했다. (민감성, 일관성, 즉각성, 온정성 있는 부모의 양육태도를 보임)	5	4	3	2	1
4. 아이는 누군가 "안 돼" 하면 행동을 멈추고 살핀다.	5	4	3	2	1
유아기	매우 그렇다	그렇다	보통이다	아니다	매우 아니다
5. 자기주장(고집)이 있다.	5	4	3	2	1
6. 자녀는 부정적인 감정을 자연스럽게 표현한다.	5	4	3	2	1
7. 부모는 자녀의 잘못한 행동을 분명하게 훈계한다.	5	4	3	2	1
8. 아빠와의 놀이 시간이 규칙적으로 있다.	5	4	3	2	1
9. 친구들과 함께 있는 것을 좋아한다.	5	4	3	2	1

	매우 그렇다	그렇다	보통이다	아니다	매우 아니다
10. 친구들과 다투거나 속상한 일이 생기면 부모에게 이야기한다.	5	4	3	2	1
11. 친구들과 협동놀이를 할 줄 안다.	5	4	3	2	1
12. 부모는 자녀가 친구와 놀 시간 및 친구 만들기를 도와주려고 노력한다.	5	4	3	2	1
아동기	**매우 그렇다**	**그렇다**	**보통이다**	**아니다**	**매우 아니다**
13. 또래나 주변 사람의 기분이나 반응을 살핀다.	5	4	3	2	1
14. 친구와의 놀이를 자발적으로 찾는다.	5	4	3	2	1
15. 동성친구들과 잘 논다.	5	4	3	2	1
16. 선생님과의 관계를 잘 맺는다.	5	4	3	2	1
17. 친구를 사귀는 다양한 기술들을 배워 간다.	5	4	3	2	1
사춘기	**매우 그렇다**	**그렇다**	**보통이다**	**아니다**	**매우 아니다**
18. 친한 친구들의 그룹이 생긴다.	5	4	3	2	1
19. 자녀는 친구 관계에서 부모의 개입을 원치 않는다.	5	4	3	2	1
20. 베프(절친)가 생기며 서로를 챙긴다.	5	4	3	2	1
21. 이성 교제에 관심이 생긴다.	5	4	3	2	1
22. 다른 사람들의 시선에 지나치게 신경 쓴다.	5	4	3	2	1

사회성은
선천적인가? 후천적인가?

✉ "2살 터울의 형제를 둔 엄마예요. 첫째(7살)는 너무 수월하게 키웠는데 둘째 지석이(5살)는 왜 이렇게 어려운지 모르겠어요. 첫째는 사람을 잘 따라 친정 엄마나 시어머니와도 잘 지냈는데 둘째는 저와 떨어지지 않으려 해요. 도무지 다른 사람에게 안 가려 하는데, 이러는 게 타고난 건지, 제가 뭘 잘못한 건지 모르겠어요."

같은 배 속, 다른 아이들

형제를 키우다 보면 지석이 어머니 이야기에 참 공감이 간다. 첫째 때의 시행착오를 줄이면서 둘째나 셋째는 더 잘 키워 낼 줄 알았는데 막상 상황은 쉽게 흐르지 않는다. 형과 지석이는 나이차도 많지 않고 동성 형제인데도 전혀 다르다.

형제들의 제각각인 모습을 보면서 부모는 같은 배 속에서 나온 아이들이 어쩜 이렇게 다른가 싶어 놀란다. 한편으로 원래 이런 아이인지 아니면 내가 뭔가 잘못 키운 건지 고민한다.

아이의 성격은 타고난 성향과 후천적인 환경이 서로 상호작용하여 만들어진다. 아이의 사회성도 마찬가지다. 타고난 사회적 능력과 후천적인 환경으로 길러진다. 그러니 먼저 아이들의 있는 모습을 그대로 이해하는 것이 필요하다.

기질, 타고난 모습 그대로 수용하기

사람에게는 '타고난 성향이 있다'라는 말을 있다. 이 말을 달리 하면 '사람마다 기질이 다르다'이다. 기질(temperament)은 성격의 타고난 특성과 측면들을 일컫는다. 부모는 자녀의 기질을 궁금해 한다. 기질을 분류하는 방법이 다양하나 학계에서 하나로 통일된 분류는 없다. 아동의 기질 분류로 가장 많이 알려진 것은 토마스와 체스의 '허버트 버치(Herbert Birch)의 분류법'에 기초한 연구다. 아동의 기질 특성을 다음 9가지 척도로 살펴본 것이다.

• 활동성(Activity level) : 신체적인 에너지를 뜻하며 움직임이 많은가 적은가를 본다. 에너지가 높은 아이는 가만히 있기를 힘들어하고 대근육 활동을 주로 한다. 낮은 아이는 구조화된 환경에서 소근육 활동을 좋아한다. 생각하기나 읽기 같은 정신적인 활동도 들어간다.

• 규칙성(Regularity) : 율동성이라고도 한다. 식사와 숙면, 배변과 같은 생물학적 기능이 얼마나 규칙적인지 같은 예측 가능한 정도를 말한다.

• 초기 반응(Initial reaction): 새로운 사람이나 환경에 대한 최초의 모습을 말한다. 새로운 환경에 망설임 없이 다가가는지(대범함), 조심스럽게 한참 살핀 후 다가가는지(조심성)의 차이를 말한다.

• 적응성(Adaptability): 변화에 적응하는 데 걸리는 시간을 말한다. 환경 변화에 쉽게 적응하는지 아니면 저항이 심해 오래 걸리는지를 말한다.

• 강도(Intensity) : 정서적인 반응을 말한다. 쉽게 흥분하며 강하게 반응하는지 아니면 차분하게 조용히 혹은 감정 표현 없이 반응하는지를 말한다.

• 기분(Mood): 즐거운 태도와 즐겁지 않은 태도를 말한다. 생물학적으로 긍정성을 많이 띠는 아기는 명랑한 모습으로, 부정성을 많이 보이는 아기는 격정적 모습으로 나뉜다.

- 주의산만(Distractibility): 주위에 일어난 일에 쉽게 정신을 빼앗기는지를 말한다. 주변 방해에도 활동에 집중하는지 아니면 외부 사건에 쉽게 주의를 빼앗기는지로 나뉜다.

- 인내와 주의 지속시간(Persistence and attention span) : 과제 수행에 오래 몰두하는지 쉽게 흥미를 잃는지를 말한다.

- 민감성(Sensitivity) : 환경 변화에 얼마나 방해를 받는지를 본다. 외적 자극(소리, 불빛…)에 쉽게 방해받아 과제에 흥미를 잃어버리는지 아니면 그와 상관없이 과제에 주의를 기울이는지를 말한다.

토마스와 체스는 아기의 기질을 이 9가지 척도를 바탕으로 '쉬운 아기, 까다로운 아기, 더딘 아기'라는 세 가지 범주로 나누었다. 쉬운 아기(easy child)는 생활리듬이 규칙적이고 새로운 환경이나 사람들에 대한 반응이 좋고 적응 속도도 빠르다. 까다로운 아기(difficult child)는 생활리듬이 불규칙하고 변화에 민감하고 새로운 환경이나 사람에 대한 경계가 심하다. 더딘 아기(slow-to-warm-up child)는 활동 수준이 낮고 낯선 사람이나 환경에서 물러나 있다가 한참 후에나 적응한다.

기질적으로 순한 아이는 사람에 대한 반응이나 관계 유지에도 좋은 모습이나 까다로운 아이나 더딘 아이는 사람을 거부하는 행동으로 초기 관계를 맺거나 유지하기가 쉽지 않다. 지석이 형은 순한 기질이지만 지석이는 까다로운 기질일 가능성이 높다. 이런 기질은 아이의 선천적인 특성이라 사춘기 이전까지는 크게 변하지 않을 가능성이 많다. 따라서 부모는 지석이가 형처럼 사회적 관계를 맺지 않는 걸 문제로 볼 게 아니라 '형과 같은 모습의 관계 형성을 기대하지 않아야' 한다. 즉 '아이의 기질을 그대로 수용하는' 것이 지석이의 사회성을 돕는 부모의 첫 과업이다.

기질보다 진짜 중요한 것, 관계의 조화

기질의 차이는 아이가 조금만 예뻐해도 만족하는가, 부모가 충분히 사랑을 줘도 아이는 좀처럼 만족을 하지 못하는가로 나타난다. 부모의 사랑 방식을 논하기에 앞서, 자녀의 욕구 그릇에 차이가 있다는 얘기다. 똑같은 엄마 배에서 나온 자식들인데 욕구 그릇은 각각 다르다. 작은 컵 정도인 아이가 있고, 욕탕 수준인 아이도 있다. 후자라면 아이는 부모 혹은 다른 사람들이 자기만을 바라보고 관심 갖기를 원하며 웬만해서는 만족하지 못한다. 엄마가 하루 종일 붙어 있어도 또 찾고, 친구랑 실컷 놀아도 또 놀고 싶어 한다. 인간관계에서 적당 선이 없어 부모를 힘겹게 한다. 아무리 부어도 채워지지 않은 밑 빠진 독처럼, 사람을 향한 아이의 욕구는 부모를 지치게 하고 화나게 만든다.

그렇다면 욕구 그릇이 작은 아이가 좋고, 욕구 그릇이 큰 아이가 나쁜 아이인가? 절대 그렇지 않다. 자녀의 기질은 좋다 나쁘다로 말할 수 있는 성질이 아니다. 까다로운 기질이 나쁘고, 순한 기질이 좋다는 식의 이분법적 생각은 위험하다. 자녀의 기질에 따라 사회적 태도는 다르게 형성되고, 이건 차이일 뿐이지 잘못된 건 아니다. 하지만 기질에서 꼭 주의 깊게 살펴봐야 할 점은 있다. 그것은 바로 '부모와 자녀 간의 기질'이다.

부모와 자녀의 기질이 비슷하면 좋을까? 다르면 좋을까? 강의를 하며 만나는 엄마들의 반응도 참 다양하다. 비슷한 게 좋다고 강력히 주장하는 분이 있고, 다른 기질이라 더 좋다고 하시는 분도 있다. 일반적으로 같은 기질을 낫다고 하는 경우는 부모가 자신에 대한 만족이 높고 자신이 더 낫다고 생각하는 경우다. 반대로 다른 기질이 좋다고 하는 경우는 자신에 대한 불만족이 많아 나와 다른 아이가 나보다 나은 것 같다고 여겼다.

정답은? 둘의 기질이 비슷한가 다른가는 중요하지 않다. 그보다는 둘이 어떤 모습으로 관계를 맺느냐가 더 중요하다. 아이의 기질을 바라보는 엄마의 태도와 마음가짐이 더 중요하다. '둘의 관계에서 엄마는 자녀의 기질을 좋게 보고 있는가? 아닌가?'가 더 중요하다. 이유야 어떻든 간에 부모가 자녀의 기질을 좋게 보면 잘 받아 주는 반응을 보일 것이다. 이것은 자녀로 하여금 자신이 이해받고 수용받는다는 느낌을 준다. 그리고 부모와 자녀는 서로 같은 호흡으로 상호작용하며 일체됨을 경험한다. 이 경험이 사회적인 관계의 기쁨으로 이어지면서 사람과의 교류를 즐거워하게 된다.

기질의 선천적인 특성에 부모가 어떻게 반응하느냐가 사람에 대한 아이의 태도를 결정한다. 부모의 이 반응은 자녀의 대인동기(대인동기(interpersonal motives)란 인간관계를 지향하게 하고 사회적 행동을 하게 만드는 동기적 요인을 말한다. 159쪽 참고)에 영향을 주어 사람에 대한 적절한 기대 또는 부적절한 기대를 만든다. 그래서 자라면서 사람들과 더 잘 어울리는 아이가 되거나, 사람을 더 싫어하거나, 관계 맺기 어려운 아이로 바뀌기도 한다.

지석이와 형처럼 사람마다 대인동기가 다르다. 그렇다면 이런 개인차는 선천적인가 후천적인가? 답은 둘 다다. 대인동기의 개인차는 기질 같은 선천적인 요인, 그릇에 비유한 욕구들의 충족 경험이나 부모의 애착 경험과 같은 후천적인 요인들이 합쳐져 만들어진다. 지석이 어머님이 걱정하신 지석이의 관계 모습은 유전적인 요인에서 기인되기도 하지만 후천적인 성장 경험도 크게 영향받으므로 자라면서 혹시 부적절한 요인들은 없었는지 점검해야 한다.

 ONE POINT

내 자녀의 사회적 모습은 타고난 성향(기질)과 그 성향에 대한 부모의 반응 경험들(부모-자녀 기질 관계)
이 화학작용을 하여 나타나는 결과다.

부모와의 애착, 사회성의 첫 단추!

"출산휴가 3개월만 키우고 직장 때문에 아들 영호를 청주에 있는 시댁에 맡겼어요. 주말마다 가서 보고 왔고, 아이는 이제 20개월이 되네요. 둘째를 곧 낳을 예정이라 직장을 그만두고 아이를 데리고 왔어요. 그런데 아이가 엄마와 눈도 맞추지 않고 놀려고 하지 않아요. 혼자 차만 갖고 놉니다. 동생이 태어나기 전에 어린이집에 보내려 하는데 이런 제 아이가 친구들과 어울려 놀지 걱정이네요."

사회적 관계의 초석, 애착

영호네 이야기는 맞벌이 가정에서 흔히 보이는 모습이다. 직접 아이를 키울 형편이 되지 않으면 양가 어른들에게 의존하게 된다. 영호는 할머니가 주 양육 자였는데 지금 엄마로 양육자가 바뀐 상황이다. 이제 엄마가 양육자 역할을 하 면서 아이와 새로운 관계를 맺는 것이다. 즉 엄마와의 새로운 애착 형성이 필요 한 시기다.

첫 돌까지는 주로 양육자 특히 엄마와 단둘만의 관계로 행복한 시절이다. 아 기는 아직 다양한 관계를 유지할 능력이 없기 때문에 세상에 적응하기 위해 자 신에게 집중하는 양육자의 깊은 애정과 친밀감이 아주 중요하다. 그래서 이 시 기에 부모 특히 엄마와의 애착을 중시한다. 이 시기에는 아이가 원하는 것에 거 의 다 맞춰야 한다. 양육자나 엄마와 집중적인 일대일 관계로 애착이 형성된 다. 영호의 경우 할머니에서 다시 엄마로 주 양육자가 넘어가는 단계다. 엄마와 초기 애착 시기를 놓쳤지만 지금이라도 다시 관계를 만들어야 한다. 흔히 이 비 유를 뜨개질로 한다. 뜨개질에서 한 코가 빠진 것을 발견하면 거기까지 다시 실 을 풀어 다시 시작한다. 마찬가지로 애착 문제를 알게 되면 지금부터라도 다시 시작점에서 관계를 만들어 가면 된다.

그럼 애착된 모습은 어떤 것일까? 정신분석가 존 볼비(Bowlby)는 애착을 가 장 가까운 사람과 연결되는 강렬하고 지속적인 정서적 유대감이라고 했다. 애 착이 생기려면 같은 장소에서 오랜 기간 한 사람과 지내면서 자신의 요구에 적 절하게 반응되는 경험을 해야 한다. 이 과정에서 아이는 애착 대상과 안정된 애 착을 만들고 세상을 탐색하는 안전기지로 애착 대상을 사용한다.

생의 초기에 아이가 주 양육자와 맺는 애착 관계는 이후 모든 대인관계의 원형이 된다. 안정적인 애착이 형성되면 정서적으로 안정감을 갖는다. 이 안정된 정서를 통해 아이는 다른 사람을 신뢰하고 자신감 있고 관계를 잘 맺는 아동으로 자라는 기초를 다지게 된다. 부모와의 초기 애착은 이후 이성 관계에서도 중요한 역할을 한다. 이성에 대한 정상적이고 바람직한 관계를 갖는 기본 태도를 만든다.

애착 경험은 세상에 대한 희망을 안겨 준다

양육자나 부모와의 애착이 중요한 이유는 이것이 사람뿐만 아니라 세상에 대한 기본적인 신뢰감을 만들기 때문이다. 건강한 애착이 형성된 아이는 새로운 세상이나 사람에 대한 거부감이 적다. 혼자 남겨져도 돌아올 부모를 믿고 누군가 새로운 사람과 함께 있어도 그 사람에 대한 거부감이 적다. 반면 불안정한 애착을 형성한 아이는 부모가 사라지는 상황에 대한 불안이 높다. 그래서 잘 떨어지지 않으려 하고 낯선 상황에 있거나 새로운 사람과 있는 것을 굉장히 불편하게 여기며 부모가 없는 상황에서 상호작용하려 하지 않는다.

안정적인 애착을 형성한 아이도 부모와 떨어졌다 다시 만나는 상황에 짜증을 내거나 불쾌한 감정을 표할 수 있다. 그러나 불쾌 감정을 일시적이고 다시 부모와 애정 어린 행동을 한다. 이에 비해 불안정한 애착의 아이는 불쾌 감정이 쉬이 가라앉지 않고 부모에게 화를 내거나 징징거리거나 아예 모른 척하는 행동을 오래 한다.

영아기에 형성된 이러한 애착은 다른 사람과의 관계, 세상과의 관계의 기본 틀이 된다. 또한 훗날 성인이 되어 자기 가정을 꾸릴 때 세대 간의 전이에서 중요한 역할을 한다. 즉 애착 경험이 있는 아이는 훗날 자기 가정에서 자녀의 애착대상이 되어 준다. 반면 부모와의 애착 경험이 부족한 아이는 어른이 되어 아이와 애착 관계를 만드는 데 곤란을 많이 느낀다. 마음에서 일어난 경험이 세대를 이어 작용하는 것이다.

상담에서 수많은 엄마들의 고통은 바로 여기에 있는 경우가 많았다. 내가 경험하지 못해 줄 수 없는 안타까움과 혼란스러움. 그래도 중요한 건 지금 인식하고 노력하는 것만으로도 자녀에게 나와 같은 경험이 반복되지 않는다는 점이다. 나의 애착 경험에 회의를 느끼는 부모라면 아이와 애착 형성을 위해 더 관심을 기울이면 된다. 의식이 필요하고 노력이 요구된다. 그러면 서서히 변화가 생기니 너무 염려하지 않기를 바란다.

부모 – 자녀의 애착, 첫 사회적 관계를 맺다

자녀와의 애착은 자동으로 만들어지지 않는다. 다시 말해 엄마가 집에서 아이를 키운다고 애착이 저절로 생기는 게 아니라는 말이다. 부모가 자녀와 애착을 제대로 만들려면 아이의 신호를 적절히 해석하고 반응하는 데 능숙해져야 한다. 또 아이가 부모가 어떻게 행동하며 자신의 행동을 규제하는지를 배우면서 애착이 생기게 된다. 영호 엄마는 아이와 초기 애착 작업을 시작한다는 마음에서 영호의 신호를 빨리 이해하고 즉각 반응하는 노력이 필요하다.

의외로 이 부분에서 민감하지 못해 괴로워하는 엄마들을 꽤 많이 만났다. 여러 이유가 있지만 부모는 자신이 부족해 아이에게 제대로 못 해주는 것이 안타까워 쩔쩔맨다. 그래도 얼마나 훌륭한가? 이렇게라도 하려고 애쓰는 자체가…. 어쩌면 이 엄마들에겐 이것이 엄마가 된다는 첫 번째 과제이자 쓴잔처럼 느껴지는 통과의례일 것이다. 지금이라도 아이와의 애착을 위해 노력하고 있다면 민감해지라는 말에 너무 얽매이지 말고 노력만으로도 훌륭하다고 스스로 격려하자. 모든 신호에 다 반응하기보다 하나씩 신호를 알아차리고 반응하는 연습을 하기 바란다.

두 번째로 애착 형성을 돕기 위한 활동으로 '감각-신체적 상호작용 활동'을 적극 추천한다. 아이와 스킨십의 양과 질을 늘린다. 아이와 신체 활동을 많이 하는 것은 애착이 적어 사람에 대한 신뢰가 떨어지는 아이들에게 효과적이다. 애착에서 중요한 것은 먹고 자고 보살피는 행위 자체보다 '접촉'이다. 우리는 인간관계를 '사람과 사람이 만나다'라는 표현으로 자주 묘사한다. 그런 만남은 결국 접촉의 다른 표현이 아닐까? 관계에 기초가 되는 애착도 '신체적인 접촉과 심리적인 접촉'으로 만들어진다.

따라서 자녀와 자연스런 눈 맞춤, 부드러운 손길, 편안하고 안정된 신체 접촉으로 긍정적인 정서를 경험하면 아이는 세상에 대한 두려움도 줄고 스스로 분리되어 나아갈 수 있다. 자녀가 좋아하는 스킨십과 듣고 싶은 표현은 무엇인가? 그것을 알아보고 지금이라도 '자녀와 접촉의 시간'을 가져보자. 그 접촉을 통해 부모인 나는 어떤 감정을 느끼는지 적어 보자.

자기 놀이에 빠진 사회적 방관자 시기

영아기 아이의 사회적 관계는 어떤 모습일까? 이 시기 아이에게 사회성 발달 과제는 우선순위에서 밀린다. 즉 다른 사람을 따르지 않는다거나 또래를 별로 좋아하지 않는 느낌들이 크게 문제되지 않는다. 사회적으로 방관자의 모습을 주로 보인다. 다른 사람에게는 무관심한 단계다. 다른 사람의 활동에 크게 관심이 없고 주로 자기 몸을 탐색하며 자기 몸을 갖고 노는 것을 좋아한다. 손도 빨고 발가락도 빨며 혼자서 아주 흥미롭게 논다. 적어도 6-8개월까지 아이는 양육자와 한 몸인 듯 여기며 행복한 시기를 보낸다.

이 시기는 아이가 자기에게 집중되는 것을 충분히 느끼고 즐기는 것이 더 중요하므로 사회적인 모습이 크게 중시되지 않는다. 최대 3년까지는 자기 혼자의 세계에 탐닉해도 크게 문제되지 않는다. 그래서 3살 즈음에 단체생활을 시작하는 것이 좋다고 이야기한다. 이 시기는 다른 사람에 앞서 자기애를 충분히 경험하며 만족감을 느끼는 시간이다. 나를 먼저 충분히 사랑해야 다른 사람도 제대로 사랑할 수 있다. 이 시기에 최고조가 되는 나르시시즘은 건강한 자기애를 만들어 다른 사람들과의 관계에서 자신의 모습을 잃지 않는 중요한 자원이 된다. 부모(또는 양육자)에게 사랑을 듬뿍 받아야 하는 가장 민감한 시기다.

 ONE POINT

0~2세의 영아기는 '주 양육자와 애착 형성의 민감기'다. 사회적 관계를 결정하는 중요한 변인이 된다. 애착의 주요 방법은 '접촉'이다. 애착 활동의 한 예로 '자녀에게 마사지 해주기'는 부모의 민감성을 길러주며 자녀와 긍정적인 상호작용을 돕는 활동이다.

생의 초기 3~5세

생애 첫 단체생활이 시작되다!

✉️ "40개월이 된 승희를 올해 초 어린이집에 보냈는데 아이가 너무 싫어해서 지금은 집에서 저와 지내요. 저와 떨어지기 싫다며 워낙 떼를 써서 항상 같이 다녀요. 승희 때문에 내 시간이 아예 없고 화장실도 자유롭게 못 가 너무 답답하네요. 놀이터에 가서 친구랑 노는 걸 좋아하는데 꼭 제가 옆에 있어야 하고 없으면 난리가 나요. 싫은 것에 대한 표현도 점점 완강해지니 저는 저대로 힘들고 승희도 버릇없어질까 봐 걱정입니다."

세상 속으로 첫 발을 내딛다

승희는 엄마와 떨어지는 것이 힘들어 현재 단체 활동을 거부한다. 종종 부모님들이 아이의 단체생활을 언제부터 시작하면 좋은지를 묻는다. 정상적인 발달을 보이는 아이들은 36개월 전후가 되면 단체생활에 대한 준비가 되어 있다. 부모가 보내려 하지 않아도 아이가 집에 있는 것을 너무 심심해하고 지겨워한다. 우연히 어린이집이나 유치원에 가면 너무 좋아서 나오지 않으려고 한다. 이런 모습을 보이면 충분히 단체생활을 잘할 수 있다. 이렇게 자기가 가고 싶어서 보내면 아이는 가기 싫다는 표현도 거의 없다. 아무리 아프거나 힘든 과제가 있어도 친구랑 놀고 싶어 무조건 가겠다는 적극성을 보인다.

그리고 이 시기에 부모가 자녀의 단체생활을 너무 미루는 것도 좋지 않다. 아이는 부모라는 울타리 밖 세상에 대한 두려움도 많지만 호기심도 있다. 자녀가 세상을 보는 관점은 동전 양면과 같다. 부모가 보는 자녀의 두려움이 앞면이라면 뒷면은 호기심과 탐구가 있다. 부모는 자녀의 두려움만 보고 옆에 붙여 두어서는 안 된다. 미지에 대한 두려움을 잘 극복하고 세상으로 나가도록 아이를 격려해야 한다. 이 시기부터는 그것을 할 수 있도록 돕는 것이 주요 과제다.

그런데 승희처럼 가지 않겠다고 막무가내로 요구하면 부모로서 안절부절못한다. 남들처럼 순순히 다녔으면 좋겠는데 왜 이리 고집스럽게 행동하는지 이러다 우리 아이만 뒤처지지 않을까 걱정되기 마련이다. 이런 부모의 마음을 다스리려면 승희의 행동을 이해해야 한다. 이 시기의 자녀가 보이는 주요 특성들을 통해 승희를 도울 방법을 생각해보자.

나야 나, 자아 성장 출발!

승희는 엄마와 떨어져 어린이집을 가는 데 떼를 심하게 쓴다. 이런 모습이 가능한 게 두 돌이 지나면서 아이는 더 이상 양육자 특히 엄마가 자기편만은 아님을 깨닫게 된다. 배변훈련과 함께 사회생활을 위한 통제가 시작되면서 자기가 원하는 대로만 할 수 없음을 배운다. 자기 마음대로 기저귀에 변을 싸던 자유에서 변기에 싸는 사회적 모습을 훈련하는 것으로 사회적 압박을 수용하며 자신을 조절하는 것을 배우는 것이다. 마음대로 하고픈 자율성과 외부 세계의 통제에서 갈등이 생긴다. 그래서 엄마에게 최초 반항을 보이는 거다. "싫어"라는 말을 입에 달고 지내면서 부모에게 갈등을 표현한다. 이런 저항은 자녀에게 '자아'가 있음을 보이는 첫 포탄과 같다. 내가 하고 싶은 대로 하려는 것과 부모의 요구를 조율하는 자아의 첫 목소리다. 따라서 이 시기 아기의 반항은 그만큼 잘 자라고 있다는 증거다.

이런 갈등에서 아이들은 중요한 사회적 기술들을 배운다. 자기 의견을 표현하면 어떻게 되는지, 자기의 나쁜 감정을 표현하는 것은 가능한지, 어떻게 자기 감정을 표현해야 하는지 등을 배우는 것이다. 이런 갈등에서 아이들은 부모의 태도도 배운다. 무조건 화만 내는지, 때리는지, 폭언하는지, 어떨 때 괜찮다고 했다가 어떤 때는 안 된다고 하는 비일관적인 모습을 하는지, 친절하게 말하는지 등을 보며 그 행동을 모방하며 습득한다.

상담과정에서 아이들의 발달과정을 평가해보면 이 초기 갈등 시기에 자녀가 떼쓰지 않거나 요구가 전혀 없던 아이들이 의외로 많다. 이 시기의 갈등에서 부모가 너무 무섭거나 자기가 표현해봤자 소용없다고 생각하면 아이는 쉽게 부모의견에 순종한다. 그러면서 자기감정을 느끼는 것을 거부하고 자기주장을 포기해버린다. 그것은 부모뿐만 아니라 친구에게도 그대로 나타나서 억울한 상황에서도 그것을 표현하기 힘들어해 곤란을 겪기도 한다.

"싫어", 화내고 떼쓰는 감정도 괜찮아

이 시기에는 자신의 부정적인 감정이나 의견을 안전하게 표현할 수 있는 부모의 수용이 필요하다. 그 모습은 다름 아닌 떼쓰는 모습이다. 떼를 쓰는 아이의 모습에 자꾸 부모가 아이를 꺾어야 한다고 생각하는 경우가 많다. 이것은 떼쓰는 행위가 부모를 우습게 보고 부모의 권위에 저항하는 행동으로 해석하기 때문이다. 그래서 아이와 힘겨루기를 한다. 이런 모습으로 부모가 떼쓰는 걸 막으면 자녀는 사람들과 관계 맺을 때 힘겨루기를 하기 쉽다. 외부 사람들을 자기가 원하는 것을 못하게 막는 사람으로 부정적인 지각을 해서 더 말을 안 듣는 모습을 보인다.

이 시기에 갈등을 잘 해결하려면 자녀가 원하는 것을 수용하는 정도와 한계를 분명하게 만들어 놓는 것이 필요하다. 한계는 자기가 하고 싶어도 생명에 지장이 있거나 다른 사람에게 피해를 주는 것까지다. 그 외의 요구들은 수용해주면 자녀는 상황에 맞게 자기 조절력을 키워 갈 수 있다. 사회적 상황에서도 참아야 할 때와 자기 요구를 할 때를 분별하며 자기를 만족시켜 간다. 즉 자녀의 자율성을 충분히 인정하면 자녀도 자기 조절의 힘을 길러 간다.

아빠, 나랑 놀아 줘요!

이 시기에는 엄마 외의 다른 사람들을 보게 된다. 아빠와의 놀이에 흥미를 보이고 친구에게 관심이 생긴다. 그래서 아빠도 양육의 즐거움이 조금씩 싹튼다. 아이가 아빠와 노는 걸 신나하고 아빠를 찾으면서 둘만의 교감도 늘기 때문이다. 양육에서 소외를 느끼던 아빠도 한몫 하는 기분이 들며 양육의 자기효능감이 생겨서 자녀를 더 가까이 대한다.

하지만 여전히 자녀는 아빠보다 엄마에게 집중할 가능성이 높다. 엄마를 더 좋아하는 모습이 많고 더 원한다. 가정마다 차이는 있지만 대부분 이렇게 여전히 아빠를 좀 더 멀리 두고 엄마와 자녀가 가까운 삼각 구도를 유지한다. 이럴 때 아빠가 자녀에게 엄마를 빼앗겼다고 질투를 느끼기도 한다. 자녀와 무의식적으로 경쟁 구도를 만드는 경우가 있는데 그런 마음이 들면 아내와 이야기하자. 남편도 아내의 관심이 필요하기 때문이다. 부부 관계의 만족감을 먼저 챙기지 않으면 불만족은 꼭 자녀에게 흘러간다. 아내도 자식에만 빠지지 않고 남편과 더불어 살기 위해 신경 써야 한다. 아빠의 자리를 분명하게 해주고 격려해주는 지혜가 필요하다.

어? 친구가 있네!

유아 전기부터는 놀이에서도 같이 노는 이가 있다는 것이 참 즐거워진다. 친구가 보이기 시작하고 친구가 있는 곳으로 다가가려 한다. 그러면서 친구 옆에서 논다. 하지만 아직까지 노는 모습은 각자도생이다. 각각 자신의 장난감을 가지고 자기만의 방식으로 논다. 단지 옆에 같이 있다는 것만으로도 행복하다. 이런 사회성 놀이 시기를 '병행놀이' 시기라 한다.

그러다가 좀 더 친해지면 장난감을 교환해서 논다. 내가 갖고 놀던 자동차와 옆 친구의 곰 인형을 교환해서 논다. 이때도 함께 노는 게 아니라 각자 논다. 아직 같이 논다는 개념이 없다. 그냥 자기 놀이에서 옆에 친구가 있는 것만으로도 즐거운 시기다. 이러한 사회성 놀이 시기를 '연합놀이' 시기라 한다.

따라서 이 시기에는 부모의 관찰 아래 자녀가 또래와 탐색하며 나누는 것을 시도해보게끔 한 공간에서 있는 것을 느끼는 기회를 꾸준히 주는 것이 중요하다. 엄마 모임에서 아이들끼리 만나는 자리를 만들거나 지속적으로 만나는 모임도 도움이 된다.

 ONE POINT

3~5세의 유아 전기는 '자율성의 민감기'다. 생명의 위협과 다른 사람에게 피해를 주는 신이 아니라면 아이가 하고픈 것을 충분히 하는 것이 먼저다. 그런 다음 아이의 독립성을 인정하되 세상의 규칙을 이해하고 맞추도록 격려하는 훈육이 필요하다. 단체생활이 더 이상 미뤄져서는 안 된다.

유아 후기 5~7세

본격적으로 사회적 관계가 대두되고
갈등도 다양해진다!

"6살까지 즐겁게 다니던 유치원을 규희가 7살이 되면서 처음으로 가기 싫다고 합니다. 유치원에서 학교 갈 준비를 시키면서 자기는 잘하지 못한다고 생각하는 것 같아요. 여기에 한 친구가 자꾸 아이를 끼워 줬다 뺐다 해서 친구들과 어울리는 게 쉽지 않나 봅니다. 아이들이 자기를 싫어한다며 자주 울어 저도 화나고 마음도 아프네요. 우리 아이가 문제인 건지 걱정되네요. 내년에 학교에 가서 정말 외톨이로 지낼까 봐 불안합니다."

친구 관계의 문제들이 점점 빨라진다

규희처럼 유치원 연령이 되면 친구를 사귀는 문제가 심각하게 떠오른다. 친구와 같이 놀고 싶은데 잘 낄 수 없으면 친구들로부터 소속감 욕구를 거절당하면서 상처받게 된다. 유아기 후기부터 발달에서 가장 중요한 과제는 사회성을 충분히 키우는 것이다. 사회성의 욕구가 제대로 해결되지 않으면 다른 발달에도 지장을 준다.

그런데 규희의 이야기를 얼핏 들으면 초등학생의 이야기인가 싶다. 학습 문제를 느끼고 거기서 비교되어 자존감에 상처받는 모습이나 친구들 사이에서 자연스럽게 끼지 못해 어울리지 못하는 모습 등은 학교를 간 아이들의 갈등 모습이다. 그런데 이런 문제가 이젠 유치원부터 나타난다. 유치원 때부터 학업으로 비교당하면서 아이들의 관계가 달라지는 현 시대의 모습인 셈이다. 요즘 유치원 아이들의 생활을 물어보면 유치원에서 오자마자 태권도나 미술 같은 예체능 활동과 다른 공부를 한두 개 더해 저녁에나 집에 온다. 그러다 보니 아이들이 친구들과 마음 놓고 노는 게 상대적으로 줄었다. 친구 관계에서도 사이좋게 놀기보다 경쟁적이고 자기 마음대로 하려는 아이들이 생기면서 맘에 들지 않은 친구를 끼워 주지 않는 모습이 늘고 있다.

함께 놀아요!

유치원 시기부터는 친구와 노는 것도 무척 재미있다. 서로가 한 주제로 함께 놀면서 상상놀이, 가상놀이, 소꿉놀이 같이 다양한 놀이를 무궁무진하게 할 수 있다. 그래서 이 시기의 사회성 놀이를 '협동놀이'라 한다. 예전처럼 각자 노는 게 아니라 서로 역할을 맡아 주고받으며 논다.

그런데 여기서 어떤 역할을 맡을지를 놓고 갈등이 시작된다. 서로 좋아하는 역할을 하려고 싸운다. 삐지기도 하고 말싸움이나 몸싸움도 생긴다. 웃으며 놀다가 울면서 끝나 엄마가 골치 아픈 일들이 많다. 그래도 아이들은 다음 날이면 또 그 친구와 놀겠다고 한다. 엄마들의 갈등은 이때 시작된다. 아이가 그렇게 당하고 힘들어하면서 그 친구와 계속 놀게 해야 하나 아니면 피하게 해야 하나를 상담에서 자주 묻는다.

내 친구는 내가 선택해요!

이런 질문에 대한 답은 '친구 사귀는 것은 우선 아이가 결정한다'다. 아마도 자녀가 어리면 부모가 자기 맘에 드는 아이와 놀게 하면 된다고 생각할 수 있다. 부모가 주도한 모임에서 친구를 사귀는 경우는 가능하지만 부모 품 밖에서 만나는 친구와는 그럴 수 없다. 아이가 놀고 싶어 하는 친구에 대해 부모가 판단해서 놀지 말라고 굳이 말할 필요는 없다. 아이가 원하는 친구를 엄마가 못 만나게 하면 아이는 자율성이 침해당하고 자기주장을 거부당했다고 느낀다. 그 결과 엄마의 허락만 구하는 착한 아이가 되든지, 속으로 반항을 키우는 삐딱한 아이가 된다.

친구 때문에 속상해해도 다음 날 또 놀겠다고 하면 자녀가 아주 힘든 건 아닌 거다. 아직 얼마나 자기를 힘들게 하는 친구인지 충분히 인식하지 못하기 때문이다. 그러니 엄마 마음에 안 든다고 친구를 제한하거나 놀지 못하게 하지 말자. 이 또한 자녀의 자존감에 상처를 주는 행동이다. 친구의 선택도 자녀의 중요한 능력이기 때문이다.

특히 이 시기의 아이들은 친구와 놀면서 상대가 누구인지보다 즐거움을 나누며 노는 기쁨에 빠지고 싶어 한다. 고통 때문에 놀이의 즐거움을 포기하지 않도록 돕고 다양한 친구들과 충분히 놀게끔 하자.

친구와의 갈등, 사회적 성숙의 성장통

자녀의 친구 갈등에서 왜 이리 시끄러운지를 자세히 살펴보면 부모의 마음이 그 안에 엉켜 있다. 친구에 대해 속상하고 힘들어하는 아이 모습에 엄마가 더 힘들어한다. 규희 엄마는 아이가 힘들다고 울며 이야기하면 속상해서 그 아이들이 너무 밉단다. 그래서 그 아이들과 놀지 않도록 관계를 끊어 버린다고 한다. 규희가 찾아도 친구들이 바빠 놀 수 없다고 말해서 안심시킨단다. 규희 엄마는 자녀의 고통을 바라보기가 너무 힘들어서 싫다.

그런데 진짜 규희도 그렇게 아파할까? 실상은 그렇지 않을 때가 많다. 엄마 자신의 마음이 아픈 것으로 자녀도 그만큼 아플 거라 상상한다. 그것을 현실로 느끼고 행동해버린다. 이것은 이미 엄마가 다른 사람들에게 받은 상처가 많기 때문이다. 하지만 아이들은 아직 그런 상처를 모른다, 그래서 그렇게 아파하지도 않는다.

규희 엄마는 아예 아이가 상처를 모르고 자라기를 바란다. 부모이기에 갖는 이상적인 생각이다. 그런데 상처 없이 성장하는 사람이 어디 있겠는가? 규희 엄마는 자기 상처가 너무 아파 자녀에게 비현실적인 기대를 하고 있다.

친구랑 놀다 보면 즐거운 적도 많지만 당연히 갈등도 겪는다. 내 마음대로 상대가 움직이지 않으니 서로 자기의 요구를 포기하거나 주장하면서 적절히 충족하는 방법을 배워야 한다. 그래서 갈등은 필수다. 이것을 피하면 결코 친구를 제대로 사귈 수 없다. 갈등의 횟수가 너무 많고 친구들이 싫어할 만큼 문제를 일으키는 건 안 되지만 그렇다고 싸움이 싫어 무조건 갈등을 회피하는 것도 답이 아니다.

친구와 놀며 잘 노는 법을 배우다

규희는 누군가가 자기를 챙겨 주기를 바라는 모습이 많다. 자기가 직접 친구를 사귈 용기가 없다. 놀아 본 경험이 절대적으로 적어서 규희는 친구에게 거절당할까 봐 더 겁낸다. 아이의 위축된 심리 문제를 회복해주며 다시 친구에게 다가갈 힘을 갖도록 해야 한다. 그러기 위해서는 이 시기에 중요한 것이 친구와 많이 노는 양적 경험이다. 꼭 또래일 필요가 없다. 놀이터에서 만나는 누구와 놀아도 좋다. 동갑들과 잘 노는 것이 가장 어려운 사회적 관계일 수 있다. 따라서 나이가 많든, 적든 상관없이 먼저 신나게 노는 것도 아이에 따라서는 도움이 된다. 유치원 시기에 실컷 친구랑 놀아야 친구를 사귀는 기본 기술을 배운다.

그렇게 놀면서 아이가 배우는 게 무엇일까? 경험하고 경쟁해서 나를 더 성장

시키고픈 욕구가 생긴다. 이기고 지는 체험으로 다양한 상황에서 사람들이 어떻게 느낄지도 배운다. 사랑의 상처는 또 다른 사랑으로 아물듯이 친구 갈등으로 생긴 아픔도 또 다른 친구와 놀며 잊게 된다. 상급학교로 올라갈 때마다 겪는 새 친구들과의 갈등도 이전 친구들의 우정이라는 에너지원이 있어야 이겨낼 수 있다. 유치원, 초등학교, 중학교 때마다 사귄 친구들은 새로운 인간관계를 앞에 둔 자녀의 긴장과 도전에 소중한 안식처가 된다.

아빠를 닮고 싶어요!

유아 후기가 되면 집에서 노는 모습도 많이 바뀐다. 점차 아빠와의 놀이가 많아진다. 특히 신체 활동 놀이는 아빠의 도움으로 눈에 띄게 다양해진다. 캠핑도 가고 다양하고 도전적이며 활동적인 스포츠도 가능하다. 활동성이 많은 아들인 경우, 아빠가 이렇게 자극해주면 아빠를 더 좋아하며 같은 성인 아빠를 통해 아빠 같은 사람이 되고자 하는 동일시가 많아진다. 아빠 흉내를 내며 아빠의 가치관을 내면화한다.

이처럼 자녀는 부모의 언행을 통해 부모가 추구하는 사회적 가치나 도덕적 행동 및 판단들을 자연스레 따라한다. 자녀는 부모의 뒷모습을 보고 배운다는 말이 있다. 아이가 도덕성을 배우며 인성을 키우는 가장 중요한 시기이므로 부모는 자신의 모습을 점검해야 한다. 도덕성에 대해, 인성에 대해 백 번의 말보다 실천 한 번이 자녀의 모델링을 자극한다. 약속은 아무리 사소한 거라도 지키는 모습을 보여야 자녀도 약속을 중히 여기면서 신의를 배운다. 벌에 대해서는 한 번 약속한 규율에 맘이 약해져서 눈감아 준다면 자녀는 언제든 요령만 있으면 벌을 피할 수 있다고 판단하게 된다.

따라서 가정의 훈육과 도덕적인 교육에 대해 일관성 있게 총대를 메는 사람이 있어야 한다. 아빠가 이런 역할을 해주면 더 좋다. 친밀감과 동시에 엄격함을 보이는 아빠의 모습으로 아이는 집에서 질서를 배우고 이를 바탕으로 사회에서 서열구조를 이해한다.

유아 후기는 아빠와의 관계 질이 깊어질 수 있는 중요한 시기다. 이 시기에 아빠가 어떻게 놀아 주었나가 아빠에 대한 자녀의 인상을 새긴다. 이때의 아빠 역할로 가정 내에서 앞으로 아빠가 어떤 존재가 될지도 결정된다.

 ONE POINT

5~7세의 유아 후기는 '사회성의 민감기'다. 다양한 친구들과 직접 놀아 보는 양적, 질적 경험이 절대적으로 필요하다. 친구들과 상호작용하며 노는 즐거움을 맘과 몸으로 얻게 한다. 부모는 자녀의 인성, 도덕성의 가장 중요한 모델링 대상이다. 예의와 규칙을 가르치는 부모의 태도를 자녀는 머리보다 마음으로 배운다.

동성 친구들과의 놀이가 즐겁다!

"초등학교 2학년인 재훈이는 남자아이들과 어울리는 걸 힘들어 해요. 주로 여자아이들과 조용히 노는 것을 좋아해요. 쉬는 시간마다 공놀이를 하지 않고 공기놀이, 카드놀이 등을 여자아이들과 해요. 집으로 놀러 오는 친구들도 주로 여자아이구요. 몸이 민첩하지 못하고 운동도 좋아하지 않아 남자아이들이 몸으로 치대는 것을 딱 질색하죠. 유치원 때부터 남자아이인데도 소꿉놀이하며 조용히 놀아서 운동을 시켜도 얼마 못 가 그만두기 일쑤죠. 초등학교에 가서도 여전히 남자아이들과 놀기 힘들어 하니 걱정이 되네요."

동성 친구랑 노는 게 재미있다

초등학교 저학년 아이의 사회성 특성은 친구 관계가 양적으로 급격하게 느는다는 점이다. 같은 학교, 같은 반으로 소속된 많은 아이들과 교류가 생긴다. 이런 교류에서 유치원 때 충분히 놀지 못한 아이들이 뒤처지는 모습도 보인다. 놀이 경험이 부족한 아이들은 학교에서 노느라 수업에 거의 참여하지 않기도 한다. 이런 모습 때문에 학습에 집중하지 못해서 주의력 문제를 의심해 상담실을 방문하는 경우도 많다. 그런데 막상 검사해보면 주의력 문제보다 어릴 적 놀이 경험이 적은 데서 오는 심리적인 욕구를 해소하려는 게 원인이다.

선생님의 말씀보다 친구들의 이야기가 좋고 그것에만 관심을 갖는다. 그러니 공부보다 친구와 장난치고 노는 게 더 좋다. 자꾸 친구들의 행동을 모방하거나 친구들의 관심 끌기에 집중한다. 부적절하게 웃기려고도 하고 바른 자세를 하지 못하고 계속 친구를 쳐다보거나 아예 뒤돌아 앉으려는 아이도 있다. 친구가 다니는 학원에 같이 다니려 하고 친구들이 가진 게임이나 장난감을 사달라고 조르기도 한다. 어떤 아이는 친구와의 놀이를 주도하고 싶어 한다. 그래서 게임 레벨을 높이거나 딱지를 많이 모으거나 요요 기술을 개발하는 데 집중한다. 친구들과 놀다 학원에 빠지거나 늦게 들어와 혼나기도 한다.

이런 경우 '우리 아이가 친구와의 놀이 욕구가 많구나' 하고 이해하고 친구와 어울리는 기회를 주면 된다. 이 기회가 충분하지 않으면 아이는 부모에게 거짓말을 하거나 반항적이며 공격적인 행동을 한다. 발달 시기에 욕구가 적절히 채워지지 않으면 언젠가 이것을 채우려는 강한 반작용을 일어난다. 언제 불만이 터질지 모르지만, 늦게 터질수록 문제는 더 심각하다는 점을 잊지 말자.

만약 이성과의 놀이가 더 좋다면?

초등생이 되면서 동성끼리의 놀이가 주가 된다. 유치원까지는 다 같이 놀던 아이들이 남녀를 구분해 분홍색, 파랑색을 여자색, 남자색으로 구별하는 등, 편을 가르는 모습이 분명해진다. 그래도 이성과 여전히 잘 어울리는 아이들이 있다. 성향이 중성적인 아이들이 그렇다. 이런 아이들은 동성 친구와도 잘 놀고 이성 친구와도 잘 논다. 연구에 의하면 각 성별로 중성적인 성향이 15% 정도 된다고 한다. 남자아이든 여자아이든 100의 15명 정도는 성별에 상관없이 어울린다는 얘기다. 부모가 애를 써도 아이의 성향은 잘 바뀌지 않는다. 재훈이처럼 남자아이 중에는 중성적인 성향을 넘어 이렇게 이성 성향이 많은 아이도 있다. 그래서 여자아이들과 노는 것이 더 마음 편하고 재미있다.

아이들의 동성적인 성향을 키우려면 동성 부모와의 관계를 다시 살펴본다. 동성 부모와 즐거운 경험이 늘면 아이들은 부모의 행동을 모방한다. 그런 모방을 통해 자기 성에 대해 동일시를 하고 수용과 애착을 경험하게 된다. 그러면 동성 친구를 사귀려는 노력도 생긴다. 그런다고 재훈이 같은 아이가 완전히 동성의 성향을 갖는 건 아니다. 단지 동성과 어울리는 것을 꺼리지 않게 돕는 것이다.

그나마 가장 쉬운 방법은 비슷한 성향의 동성을 만나는 것이다. 이것이 힘들면 동성 그룹 활동을 하나 이상 참여시킨다. 이들은 이성 친구를 자연스럽게 유지하는 게 더 도움이 된다. 꼭 이성 교제가 아니라 편한 친구로 이성을 가까이 해도 좋음을 인정해주자. 완전히 여자 같은 아이나 남자 같은 아이로 기대하기보다 아이의 사회적 관계 양상을 중성적인 모습으로 두는 것이 현실적인 목표나.

우리는 베프!

교우 관계의 질도 바뀐다. 인지적인 능력이 발달하고 감정이 세분화되면서 친구 관계도 더 복잡해진다. 다른 사람에 대한 배려가 생기고 다른 사람의 입장에서 생각하려는 모습도 늘어난다. 자기중심적 성향에서 벗어나면서 이기적으로 행동하는 아이들을 서서히 싫어하게 된다. 서로를 챙기는 모습도 는다. 유치원까지는 놀이친구(play mate) 정도로 눈에 보이면 놀고 그렇지 않으면 크게 신경 쓰지 않았다. 이제는 상호 호혜성이 있는 관계임을 알게 된다. 내가 친구를 신경 쓰고 도운 만큼 필요할 때 그 친구도 내게 도움을 주리라는 신뢰를 갖는 것이다. 그래서 베프(best friend)나 단짝도 생긴다.

그래도 아직 자기개념도 정립되지 않았고 타인에 대한 이해도 떨어져서 자기에게 맞는 친구를 잘 몰라 갈등도 많다. 놀고 싶은 상대와 자기와 맞는 상대가 다를수록 갈등은 더 깊다. 이것을 깨닫는 길도 결국 아이가 친구를 사귀며 고충을 겪는 체험뿐이다. 아이가 경험하지 않고는 어떤 상대가 맞는지 알기 힘들다. 아이가 갈등을 반복한다면 왜 그 친구가 아이와 맞지 않은지 부모가 설명해줘도 좋다. 그래도 친구로 남을지 말지의 결정은 아이의 몫이다.

선생님을 좋아하는가? 싫어하는가?

초등학교에 들어가면서 선생님이 매우 영향력 있는 사회적 관계 대상으로 떠오른다. 유치원 때까지는 선생님이 아이들을 보호해주었는데 초등학교 선생님은 보호보다는 학교체제 적응과 교육 등에 집중한다. 그러면서 아이들이 스스로 적응해가는 구조로 바뀐다. 어떤 선생님을 만나느냐는 아이들의 학교생활 적응에도 큰 영향을 미친다. 베테랑 선생님들이 1학년을 주로 맡는데 선생님에 따라 적응을 중시해 아이를 엄격하게 대하며 규칙을 어기는 것을 잘 허용하지 않는 분도 계신다. 어떤 선생님은 아이들의 안전을 지나치게 신경 쓰면서 쉬는 시간도 따로 허용하지 않는다. 이런 경우, 활동성이 높은 남자아이들이 견디기 힘들어한다. 선생님에게 자주 꾸중을 듣고 자기만 미워한다고 생각하기도 한다.

선생님이 반 아이들을 어떻게 대하느냐는 아이들의 사회적 행동 모방에도 많은 영향을 준다. 지금은 체벌하는 선생님이 적지만 여전히 아이들에게 손찌검을 하는 선생님이 있다. 이런 반의 아이들은 자기들끼리 싸울 때도 뺨이나 머리를 치기도 한다. 본 대로 행동한다.

그리고 선생님이 아이들을 차별하면 아이들도 왕따를 시킨다. 선생님이 지적하며 나쁜 아이로 낙인을 찍으면 아이들도 공격성의 화살을 그 아이에게로 쏟아낸다. 아무리 엄격하고 무서운 선생님이어도 차별하지 않으면 아이들은 큰 불평이 없다. 하지만 선생님의 차별은 아이들이 몹시 견디기 힘들다. 반대로 선생님이 문제가 되는 아이에게 관심과 애정을 주면 아이의 행동이 변화되는 경험도 많다. 주의력 결핍 진단을 받은 아이가 1학년 때 엄한 선생님으로 인해 더욱 부산스럽고 공격적인 행동이 심해졌다. 그러다 2학년 때 자신을 이해하고 수용해주는 선생님을 만나 산만한 행동을 조절하려는 모습을 보이는 사례도 있다.

여러 선생님과의 관계를 통해 아이들도 세상에 자신을 평가하는 사람들이 이렇게 다양하다는 것도 배운다. 아무리 좋지 않은 선생님이어도 배울 점이 있다는 것이다. 부모는 함부로 아이들 앞에서 선생님을 비하하는 말을 해서는 안 되고 선생님의 좋은 행동과 그렇지 않은 행동을 구별하게 도와야 한다. 그런 선생님을 통해 다른 사람에게 맞추는 것을 아이도 배워야 한다. 세상은 아이에게 맞추는 사람만 있지 않다. 이젠 아이도 맞추면서 다른 사람이 요구하는 것을 보려는 사회적 눈치의 폭을 더 넓혀 가야 한다.

친구 사귀는 방법, 이제는 알아요!

학령기 아이들은 친구 관계의 양적, 질적 변화로 다양한 사회적 기술을 직간접적으로 배운다. 언어능력이 늘어나며 친구끼리 다투는 모습이 달라진다. 전에는 툭하면 울어 버렸지만 이젠 자신의 입장을 말하거나 힘으로 적절하게 과시한다. 말을 잘 못하는 아이들이 친구 관계가 힘들어지는 이유도 이 때문이다. 아이들은 점차 변명이나 친구의 잘못을 지적하는 것도 많아진다. 자기 의견이나 감정을 잘 주장하지 않으면 억압되면서 피해의식이 생긴다.

남자아이들은 힘으로 자신들의 관계를 나타내려는 특성이 있다. 개인으로 인정받기보다 그룹의 위치에서 자신을 드러낸다. 남자아이들의 사회성을 기르는 데는 단체 활동이 도움 된다. 축구와 같은 종목은 포지션을 두고 친구 사이에서 자신의 위치를 확인받기도 한다. 축구와 같은 운동을 잘하는 것은 남자아이들의 인기를 얻는 데 크게 기여한다.

여자아이들은 말로 친구들을 사귄다. 말을 잘 들어 주고 자기 입장을 잘 전하는 아이들은 관계 맺기가 수월하다. 다양한 소식을 많이 접하는 성숙한 여자

애가 인기가 높다. 혹은 예쁘거나 귀엽게 생기거나 옷을 잘 입는 외모가 인기에 큰 영향을 준다. 무리를 만들기 좋아해 거기에 끼지 못하면 속상해하기도 한다. 그래도 초등학교 저학년까지는 두루두루 어울리려는 아이들도 많아 자기와 맞는 친구가 1명 이상 있으면 힘들지 않게 지낼 수 있다.

친구 관계에서 배우는 사회적 기술에는 무엇이 있을까? 사회적 기술(social skill)은 관계에서 의사소통에 필요한 언어적, 비언어적인 기술을 말한다. 비언어적인 기술은 흔히 눈치라고 부른다. 적절한 눈 맞춤, 표정 읽기, 몸짓(gesture) 이해하기, 적절한 강도의 신체 접촉, 공간적 거리 등이 있다. 이 비언어적 행위로 사람들에게 가깝고 먼 느낌을 주고 다른 사람들이 내게 갖는 감정을 이해하고 배운다. 언어적인 기술은 다른 사람의 말을 잘 경청하기, 반영 및 공감하기, 질문하기, 설명하기, 적절하게 자기공개(self exclosure)하기, 자기주장(self-assertion) 잘하기 등이 있다.

이 시기에 친구와의 놀이는 자녀의 현실검증 능력을 길러 자아 능력을 넓힌다. 동시에 다양한 사람과 상황에 따른 사회적 기술을 터득하는 값진 수업이 된다.

 ONE POINT

학령기는 '사회성의 확장기'다. 여러 연령층과 다양한 경험을 하는 건 아이들의 살아 있는 사회성 교과서가 된다. 경험의 성공과 실패들을 통해 아이들은 사회적 태도나 기술들을 배운다. 하지만 친구 관계의 어려움이 반복되면 자아상도 부정적이 되는 시기다. 되도록 성공적인 관계를 맺도록 도우며 갈등을 통해 자녀의 사회적 문제들을 평가, 점검하게 돕는다.

사춘기

내 삶의 0순위는 친구!

"제 딸 지서는 초등학교 5학년입니다. 지서가 친한 친구들이랑 나누던 비밀을 다른 친구에게 말한 사실이 알려지면서 아이들에게 따돌림을 당하고 있어요. 지서는 비밀이 알려진 친구에게 미안하다고 했지만 아이들은 여전히 냉랭해요. 짝 활동에서 자기를 빼놓고 쑥덕거리는 모습이 마치 자기 욕을 하는 것 같아 힘들답니다.

지서가 아침마다 전학가고 싶다며 우는데 저는 어찌할 바를 모르겠어요. 좀 지나면 나아질 거라고 달래도 아이는 어느 친구들에게 끼어야 할지 몰라 쉬는 시간, 급식 시간마다 눈치 보기가 너무 힘겹다 하네요. 학교에서 혼자 있는 것을 견딜 수 없다는데 제 마음도 찢어져요."

친구 관계의 모습들이 변해간다

초등학교 고학년이 되면 친구 관계가 그 어떤 관계보다 중요해지면서 지서처럼 친구들과 갈등하게 되면 몹시 괴롭다. 친구에게 한 잘못이 쉽게 용서되지 못하면 따돌림의 시간이 길어진다. 이러한 양상들이 고학년이 되면 늘어난다. 친구 관계에서 신의(信義)가 중요해지면서 아이들끼리 맺은 무언의 약속을 깨버린 친구들은 잘 용서받지 못한다. 또한 그룹으로 몰려다니는 모습도 늘어난다. 그래서 지서처럼 그룹에 끼지 못하면 못 견디는 아이도 생긴다.

친구들과는 비교를 통해 자기 존재감을 느끼기 시작한다. 유치원부터 친구를 이기려는 모습을 보이는데 초등학교 고학년이 되면서 본격적으로 여러 영역에서 능력을 비교해 열등감과 우월감을 갖는다. 공부를 잘하는 아이들이 인기도 있고 인정도 받는 양상이다. 반면 자신의 능력이 잘 발휘되지 않는다고 느끼면 쉽게 수치심과 부끄러움을 느낀다. 능력이 잘 발휘되는 아이는 성취동기가 높아져 더욱 자신의 역할을 잘 수행하려 든다. 또래 관계에서도 능동적이고 활발하게 관계를 맺는다. 하지만 제대로 능력을 인정받지 못한 아이는 열등감을 느껴 매사 자신 없어 한다. 친구 관계에도 자기를 좋아하지 않을 거라 생각해 의기소침하고 주저한다. 자존감의 정도에 따라 친구 관계의 태도도 달라진다.

초기 사춘기가 시작되는 5-6학년이 아이들은 더 이상 모범적인 아이를 좋아하지 않는다. 선생님께 인정받기보다는 아이들끼리의 인정을 더 쫓는다. 그룹

짓기는 아주 자연스런 모습이다. 지서처럼 그룹에 끼지 못해 불안해하는 아이들도 생긴다. 그래도 초등학교 시기에는 그룹이 다양하지 않고 1-2그룹 정도다. 그룹에 끼지 않아도 아무렇지 않게 지내는 아이들도 역시 많다. 하지만 그룹 짓는 아이들이 반을 주도한다. 그래서 상대적으로 그룹에 끼지 않는 아이들이 소외감을 많이 느낀다. 소외감이 싫어 그룹에 끼려 한다.

그렇다고 모든 아이들이 그룹을 원하진 않는다. 이것은 사회적인 성숙도에 따라 다르다. 사춘기가 빨리 온 아이들은 5-6학년부터 그룹 짓기를 좋아하고 어른들과는 구별된 자기들만의 비밀스런 세계를 즐긴다. 자기들끼리 모여 뒷담화도 하고 옷도 동일하게 입고 몰려다니며 함께 노는 즐거움을 맛본다. 생일날이나 휴일에 부모가 준비한 생일파티가 아닌 자기들만의 생일파티를 열기도 한다. 보통 중학교 이상에서 보이던 모습이 이젠 초등학교 고학년이면 나타난다. 빨라진 사춘기의 모습이다.

부모의 개입은 No, 그래도 관심은 보여 주세요!

지서처럼 용서를 구했는데도 계속 괴롭힘을 당한다면 부모는 쉽게 분노한다. 그래서 친구들 문제에 개입하고픈 충동이 생긴다. 하지만 이런 충동은 조심해야 한다. 초등학교 고학년부터는 부모의 개입이 오히려 역효과를 가져오기 때문이다. 아이의 이야기를 충분히 듣지만 해결에 앞장서서는 안 된다. 부모는 뒤에서 아이를 도와 해결방안을 같이 고민해주고 아이의 아픈 마음을 어루만져주되 직접 문제해결에 뛰어들면 안 된다. 그러면 아이들 사이에 부정적인 부모로 각인된다. 아이 또한 부모에 의존하는, 소위 찌질이가 된다. 툭하면 아이들 문제에 끼어드는 엄마 때문에 아이가 더 왕따가 된 일도 자주 본다.

이런 경우 부모가 해줄 수 있는 일이 뭘까? 우선 괴로운 아이의 마음을 알아주자. 그냥 자라면서 있을 수 있는 일이라고 대수롭지 않게 대하면 아이는 어떻게 그 난관을 헤쳐 갈지 몰라 자꾸 학교를 피하고만 싶을 것이다. 혹시 반의 다른 친구랑 친하게 지낼 수는 없는지 살펴본다. 친구 문제가 생길 때는 새로운 친구 관계를 만들어 친구 문제를 상쇄시킬 수 있다. 반에서 사귀고 싶은 친구들을 일대일로 사귀도록 돕는다. 그룹보다는 이런 경우 전학 온 아이 혹은 그룹에 끼지 않은 친구와 친해지도록 돕는다.

부모의 일은 아이가 받는 고통을 충분히 이야기할 수 있도록 '들어 주는 것'이다. 자녀가 힘든 감정을 쏟아 내면 그래도 자기편이 있음을 느끼고 견디는 힘이 조금씩 싹튼다. 지서를 전학시키면 좀 낫지 않을까 생각하겠지만 중요한 사실은 전학을 간다고 그런 문제가 또 생기지 말라는 법은 없다는 거다. 부모의 생각처럼 전학으로 문제가 완전히 해결되지 않는다. 오히려 전학 후에도 반복 양상을 보이는 아이들이 더 많다.

우정의 깊은 맛을 보다

관계의 양상이 다양해지면서 갈등도 많지만 그만큼 오래 만나고 깊이 있는 관계도 생긴다. 나를 사랑해주고 나도 사랑하는 친구를 만난다. 이것을 우정이라고 부른다. 매일 봐도 또 보고 싶고 쉴 새 없이 전화로 이야기하고 친구에게 자랑하고 좋은 것을 나누고 싶어진다. 서로의 집을 왕래하는 것은 물론 같이 공부하고 취미생활도 함께하는 모습이 는다. 친구가 있는 게 이렇게 좋은 줄 처음 깨닫는다. 필리아(Philia), 나를 사랑하듯 친구를 사랑하며 서로 주고받는 관계의 기쁨을 깊이 경험한다.

아이들의 우정 개념은 즐거운 활동을 같이 하는 것부터 개인적인 생각과 취미나 감정을 나누는 수준으로 깊어진다. 또한 유치원이나 초등학교 저학년부터 이어진 친구는 오랜 기간 심리적인 교류를 하며 공감, 동정, 이해, 위로 등을 나눈다. 아이의 우정은 물질적인 것을 바탕으로 한 교류에서 점차 심리적인 흥미나 관심 등을 공유하며 이해하는 수준으로 바뀐다. 연령이 높아지면 서로의 역할 즉 약속 같은 신뢰를 중시하며 이를 어기는 것이 우정을 깨뜨리는 가장 큰 요인으로 본다.

초등학교 저학년 때는 서로 필요할 때 도움이 되는 관계임을 알고 상호적이며 애정 어린 관계를 만들며 작은 갈등을 쉽게 넘어가는 모습을 보인다. 그러다가 고학년이 되면 점차 공동의 관심(mutual concern)을 갖는 모습으로 바뀐다. 서로 동일시하려는 모습이 늘고 신뢰를 더욱 중시한다. 함께 몰려다니고 같은 옷을 입고 약속을 깬 친구를 매우 비열하게 여긴다. 이런 모습을 '동조현상'이라고 하는데 초기 사춘기부터 나타나는 또래집단 양상이다.

학령기에는 동성 친구들과 깊은 유대감을 경험한다. 이를 통해 성인기의 안정된 애정 관계를 만들게 된다. 이 시기에 경험한 우정은 어른의 사회적 관계 발달에도 매우 필요하다. 그래서 성인의 사회성을 예측하는 척도로 초등학교 때의 또래 관계 모습을 꼽는다.

새로운 관계 맺기, 엄청나게 긴장돼요

초등학교 시기에 전학을 한 번 이상 해본 아이들이 많다. 아이들의 발달에서 영향을 미치는 것 중 하나가 '이사'다. 이사나 전학은 아이들에게 익숙해진 상황을 벗어나 새로운 상황으로 적응해야 하는 도전과제다. 기존에 맺은 친구 관계를 떠나 새롭게 친구를 사귀어야 하는 것은 엄청난 부담이자 스트레스다. 따라서 부모는 아이가 받을 스트레스를 예측하고 준비해야 한다. 시간이 지나면 잘될 거라는 막연한 생각보다 아이의 심적 스트레스를 점검하고 초기 적응을 잘하도록 세심하게 살펴주는 태도가 필요하다.

가끔 또래 갈등이 심해 강제전학이 되는 경우도 있다. 이 경우 아이나 부모 모두 심한 거절감과 모욕감의 상처를 입는다. 상담실에서는 강전의 이유가 부당하거나 억울한 사례도 본다. 이런 경우 부모의 우울도 심해지고 아이의 불안도 높아진다. 부모, 아이 모두 심리적인 상처를 회피하지 말고 화난 감정과 적응에 대한 불안을 해결할 방법을 찾아야 한다. 이런 상태에서 몸만 이동해서 새 학교에 가봤자 적응은커녕 이전 학교의 문제를 반복할 경향이 높다. 환경이 바뀐다고 태도나 마음가짐까지 바뀌지는 않으니 말이다.

달콤한 로맨스를 꿈꾸다

초기 사춘기가 시작되면서 이성에 눈 뜨는 아이들이 생긴다. 여친, 남친이 반마다 있다. 특정 아이들의 로맨스는 반에서 큰 흥밋거리이기도 하다. 이런 관계 욕구는 자연스럽다. 억지로 못 사귀게 할 필요는 없다. 부모에게 공개하고 사귄다면 큰 문제는 없다. 이성 친구를 어떻게 대하는지도 배워야 한다. 부모가 함께 만나는 자리를 자연스레 마련하는 것도 좋다. 아이들이 노는 모습은 부모의 생각만큼 불건전하거나 심각하지 않다. 3개월을 유지하지 못하는 아이들이 대부분이다. 쉽게 사귀고 헤어지고 또 만나는 걸 반복하는 식이다.

한 가지 유의할 점은 이성 친구에 지나치게 집착하는지다. 만약 동성 친구와는 좋은 관계를 맺지 못한 채 이성 친구만 만들려 한다면 부모와의 관계를 되짚어봐야 한다. 가정에서 제대로 사랑을 받지 못한 아이들이 친구 문제가 해결되지 못한 경우 이성에게 꽂히는 일이 있다. 사실 이 시기는 동성 친구와의 관계가 양적으로나 질적으로 느는 것이 더 바람직하다. 섣부르게 이성에 관심이 생기는 것은 사춘기 호르몬의 영향도 있겠지만 부모에게 원하는 사랑을 잘 받지 못해서도 있다.

선생님과 제자, 가깝고도 먼 관계

선생님과의 관계는 두 가지 모습으로 나뉜다. 초기 사춘기의 모습으로 어른에게 저항하며 선생님을 우습게 여기는 아이들, 반면 선생님을 좋아하며 따르는 아이들이 있다. 지난 선생님을 기억하고 싶어 계속 연락하거나 선생님에게 비밀을 이야기하는 등 애틋한 정을 만들기도 한다. 초보적인 사제 관계가 시작된다.

관심은 있는데 선생님을 잘 챙기지 못하는 아이라면 부모가 선생님께 방문하거나 전화 등을 하도록 알려 주는 것도 방법이다. 알아서 선생님을 챙기는 아이도 있지만 부모가 보이는 태도에서 배우는 경우가 더 많다. 선생님은 이후 세상에서 어려움이 생길 때 멘토가 되어 주기도 한다. 그러므로 좋은 관계로 지내도록 격려한다. 또한 선생님을 통해 다른 어른들과의 관계를 훈련하는 기회도 된다.

 ONE POINT

초기 사춘기는 '사회성의 변화기'다. 관계의 중심축이 부모에서 친구로 옮겨간나. '농조현상'으로 친구 따라 강남 가는 일들이 현실로 나타난다. 부모 품을 떠나 친구를 따르려는 자녀를 인정해주고, 시대에 따라 변하는 자녀의 또래 문화를 부모도 이해하려고 노력한다.

3

부모의 사회성,
아이의 사회성에
걸림돌인가,
디딤돌인가?

사교성이 적은 부모,
저 같은 분 있나요?

자녀의 사회성 문제, 혹시 나 때문?

첫 아이가 어린이집에 처음으로 가는 날! 엄마 품을 떠나가는 아이의 뒷모습에서 눈을 떼기 어렵다. 아이는 얼떨떨해하는 표정으로 긴장하고 엄마도 떨리긴 매한가지다. 이제 막 시작하는 다른 사람들과의 관계에서 아이가 잘하려나? 선생님은 우리 아이를 예뻐해줄까? 친구들과는 잘 사귈까? 엄마들 사이에서 난 어떻게 해야 아이에게 피해를 주지 않을까? 엄마는 걱정이 한가득하다.

혹여 아이가 단체 생활에서 관계 문제가 생기면 이렇게든 돕고사 원인을 찾아본다. 어린 자녀에게 문제가 있다고 생각하고 싶지 않아 결국 돌아오는 건 엄마 자신이 뭘 잘못했나 하는 책망이다. 부모의 푸념들을 들어 보자.

"제가 사교적이지 못한 성격이라 아이가 친구가 없는 것 같아 속상해요."

"동네 엄마들이 너무 힘든데… 동네 엄마를 꼭 사귀어야 친구가 생기나요?"

"아쉬운 게 없는 다른 엄마와 친해지려고 애쓰는 제가 왠지 초라해 보여요."

"결혼하면서 친구들과도 연락이 끊기고, 다시 누군가를 사귀는 것도 힘겹고… 아이와 단둘이서 지금까지 좋았는데… 밖으로 나가려는 아이를 막을 수도 없고요. 하지만 전 너무 힘드네요."

"제가 좀 쑥맥인데 아이 때문에 누군가 사귀어야 하는 게 부담스러워요."

"엄마가 사회성이 부족해 울 아이가 손해 보는 거 같아 미안해요."

"직장맘이라 엄마들 사이에 끼는 게 여간 눈치 보이는 게 아니에요. 내가 먼저 이웃 친구를 만들어야 할 텐데 어떻게 할지 모르겠어요."

"아이 친구를 만들기 위해 무교인데 교회라도 다녀야 할까요?"

"제 사교성이 나쁘다고 생각한 적이 없는데 엄마들과 친분을 쌓는 건 정말 어렵네요."

"동생을 연달아 낳고 몸 회복도 안 되니 다른 사람들을 만나는 게 싫어요. 그런데 울 아이는 자꾸 친구네 가겠다고 하고…."

"저의 성격을 물려주고 싶지 않아요. 부디 신랑을 닮기를 바랐는데… 피는 못 속이는지 저랑 비슷해 보여서 걱정돼요. 어떻게 해주면 바뀔 수 있을까요?"

"엄마들 모임이 넘 싫은데 아이를 위해 꾹 참고 지내야만 할까요?"

"다른 엄마들은 쉽게 친해져서인지 아이들도 친해지는데 울 아이는 저 때문인지 아이들을 계속 쫓아만 다니고 끼지 못하네요. 제 모습 같아요…."

부모는 자신의 사회성이 혹여 자녀의 사회성 발달에 발목을 잡았나 싶으면 아이에게 미안해하고 어떻게든 피해를 줄이고픈 마음이 생긴다. 그래서 살면서 별로 고민해보지 않았던 일들을 갑자기 고민하게 된다.

엄마들의 고민들을 듣다 보면 예전과 달리 자녀가 친구를 사귀는데 엄마가 책임지는 시간이 절대적으로 필요한 세상이 되었다는 걸 실감한다. 아이의 사회성 세계는 엄마의 어린 시절과는 전혀 달라졌다. 그래서 아이들의 세상을 이해하지 않고는 아이를 제대로 도울 수 없다. 부모의 어린 시절에는 문밖에 나가면 언제든 동네 친구를 만날 수 있었다. 하지만 현재 우리 자녀는 친구를 자연스럽게 만들기 힘든 환경들이다! 세상에 저절로 얻어지는 건 없구나 싶으면서 '엄마의 사회성 부족이 아이를 망친다'는 공식이 생긴 것 같다. 막연히 올라오는 이런 불편한 생각은 엄마에게 부적절한 죄책감을 느끼도록 한다.

그런데 부모가 느끼는 불편한 감정들은 아이를 제대로 도와주지 못한 미안함도 있지만 자세히 보면 엄마 자신의 해결되지 않은 관계 문제의 실패감에서 빚어질 때도 많다. 내 과거가 아이에게도 반복되고 있지는 않을까 막연히 불안하다. 이런 감정은 상당히 무의식적으로 생겨서 원인들을 인지하기 어렵기에 더욱 불안하게 느껴진다. 그래서 엄마의 사회성을 제대로 알아야 아이의 사회성을 건강하게 키울 수 있다.

만약 아이를 키우면서 나의 사회성이 고민되는 분들이라면 이 책의 내용을 따라 자신의 이야기를 글로 써보면 어떨까? 맨 마지막 질문에 따라 내 이야기(my story)를 써보자! 글을 쓰는 건 자신과 만날 기회를 준다. 그러면 아이의 사회성을 바르게 보게 되고, 보이면 이해하게 되며, 이해하면 내 자녀들 신성 사랑하는 길을 찾게 될 것이다.

아이는 나와 다르게 자랐으면 좋겠어요…

삶의 많은 고통들은 시간이 흐르면서 망각과 함께 잊힌다. 시간 자체가 약이 되기도 한다. 그런데 사람의 성장이라는 과제는 시간이 전부 해결해주는 건 아닌가 보다. 어떤 아픔은 아무리 시간이 지나도 여전히 남아 있다. 내 기억 저편의 판도라 상자처럼 숨겨져 있을 뿐이다. 과거의 어떤 경험은 좀처럼 사라지지 않고 그 안에 도사리고 있다. 그렇게 평소에는 잊고 사는데 어느 날 갑자기 그게 건드려질 때가 있다.

부모는 자녀를 키우면서 성장한다. 가장 큰 이유 중 하나가 자녀의 양육과 성장과정에서 부모는 보고 싶지 않은 내 모습을 만나기 때문이다. 다른 사람들이라면 불편하다고 느낄 때 적당히 거리를 두거나 아예 단절할 수 있다. 하지만 자식이나 내 부모와의 관계라면 싫든 좋든 인연의 질긴 끈을 달고 산다. 그 인연의 끈은 내가 도망갈 수 없게 만든다.

이처럼 부모는 문제 상황에서 자녀와 피할 수 없는 대면을 통해 극복해야 하는 성장통을 겪는다. 사람들이 불편해서 관계를 멀리 한 엄마가 친구를 원하는 자녀를 보면서 어쩔 수 없이 관계를 위해 노력하게 된다. 그러면서 사람을 싫어하게 된 엄마 자신의 진짜 문제를 본다. 혹은 자신처럼 관계의 고통을 겪게 하고 싶지 않아 신경을 썼는데도 아이도 관계에 힘들어하면 어떻게 도와야 할지 난감해진다. 사회적 기술이 없는 자신에게 깊이 좌절한다. 혹은 친구 문제를 겪은 부모라면 자신의 쓰라린 경험 시기와 비슷한 나이가 된 자녀를 보며 혹시 자녀도 비슷한 일을 겪지 않을까 염려한다. 더 심한 경우에는 막연한 공포에 휩싸여 어쩔 줄 몰라 하며 자녀를 닦달한다.

어느 부모든 늘 자녀에게만큼은 최고로 해주려 한다. 자녀에게 필요한 부분을 다 채워 주고 모든 모습이 다 건강하게 자라도록 돕고 싶다. 그게 부모 마음이다. 자녀가 관계에서 어려움을 겪으면 부모가 괴로운 이유다. 자녀의 사회적 관계 모습이 나랑 같으면 내가 경험한 아픔들을 겪을까 싶어 걱정된다. 반면 나랑 다른 모습을 보면 아이가 뭔가 잘못되는 건 아닌지 싶어서 걱정된다. 부모가 자신의 사회성에 대한 자신감이 없다면 자녀가 나랑 같아도 혹은 달라도 불안할 수밖에 없다. 이럴 때 생기는 불안은 자녀 때문이 아니다. 자녀의 관계 문제인가 아니면 부모의 관계 문제인가부터 구별해야 하는 이유다.

 부모의 MY STORY

- '자녀의 사회성' 모습에서 나와 닮은 모습은 무엇인가? 그 점을 나는 좋아하나 아니면 싫어하나? 싫어한다면 왜 그럴까?
- '나의 사회성' 모습에서 싫어하는 모습은 무엇인가? 그 모습에서 나는 무엇을 느끼나?
- '나의 사회성'과 관련된 인생 그래프를 그려 보세요.

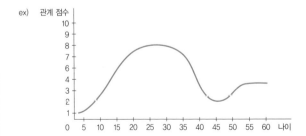

내가 내 아이의 사회성을 망치고 있는 것은 아닐까?

자녀의 사회성을 방해하는 부모의 생각 유형

　부모는 자식을 키우면서 자신이 경험한 환경을 어쩔 수 없이 반복하게 된다. 자신이 체험한 대로 자식을 키우기 때문이다. 자녀의 친구 관계에 갖는 기대는 부모의 어린 시절 경험이 바탕되어 그려진다. 부모가 성공적인 인간관계를 맺었다 여긴다면 비슷한 방법들을 자녀에게 가르치며 자녀의 좋은 관계를 기대하게 된다. 하지만 부모가 부정적인 관계를 경험했다면 자녀의 사회성을 우려하거나 반대로 사회성을 무시하는 방어적인 태도를 보인다.

　부모의 이러한 사회적 태도는 자녀에게 거울이 되어 자녀들도 부모의 사회성을 그대로 답습하게 된다. 특히 엄마의 영향력은 막강해 사회적 태도는 태내기부터 만들어진다. 엄마가 느끼는 감정과 오감을 통해 경험하는 세계가 아기에게 그대로 전달된다. 의도하지 않아도 엄마의 사회적 태도는 일정 부분 전수되어 자녀의 사회성에 영향을 미친다. 그렇다면 자녀에게 부정적인 영향을 주는 부모의 사회적 태도는 어떤 게 있을까? 상황에 대한 개인의 '생각'은 감정과 행동을 '결정'한다. 부모의 사회적 태도를 결정하는 생각을 유형별로 살펴보자.

공부만능형
'공부만 잘하면 사회성쯤이야 문제가 되지 않아'라는 생각

부모와 심리적으로 가깝게 지낸 건 아니지만 공부를 잘해서 부모의 기대에 부흥하며 인정도 받은 유형이다. 학창 시절에 공부는 잘하는데 친구들과 어울리는 건 뭔가 쉽지 않았다면 더욱 공부에 매진했을 가능성이 높다. 공부하는 것은 아무도 뭐라 하는 사람이 없고 내가 하고 싶은 대로 해서 좋은 결과도 나오고 명쾌하다.

이에 비해 친구들의 관계는 모호하고 복잡하고 오해도 많아서 피곤하기까지 하다. 공부를 잘하면 부모도, 선생님도, 친구들도 인정해주는데 왜 굳이 친구들의 복잡한 관계에 끼겠는가? 그렇게 해서 직장에서 인정받고 결혼해서 가정도 잘 꾸렸다. 지금까지 인간관계도 크게 문제없었다고 여겼다. 자식을 낳기 전까지는….

문제는 자신이 아이를 키우면서부터다. 부모는 아이에게 비슷한 길을 만들어 주고 싶은데 아이는 따르질 않는다. 도통 공부에 흥미 없는 아이를 보면서 부모는 난감해진다. 엄마들 사이에서도 공부를 못하는 아이로 인해 자신이 위축된다. 공부를 잘해야 내 위신이 선다는 생각에 아이와 매일 싸운다. 친구와 놀고 싶어 하는 아이에게 "친구가 밥 먹여 주냐?"란 소리가 목구멍에서 맴돈다. "친구에게 인정받고 싶으면 공부부터 제대로 하라"고 말하고 싶다. 공부를 잘하면 친구는 저절로 따라온다고 생각한다. 적어도 부모는 그렇게 자라왔고 그 신념에 흔들림이 없다. 그런데 자녀가 그 신념대로 따라오지 않아 괴롭다.

눈치 보기형
'남에게 좋은 모습을 보여야 한다'라는 생각

다른 사람들에게 민폐가 되는 것이 죽기보다 싫은 부모들이 있다. 친정은 물론 시댁에만 가면 배로 긴장된다. 아이를 예의 없다고 하시면 어쩌나, 아이를 제대로 못 키웠다고 보시면 어쩌나 걱정한다. 그래서 인사하기, 바르게 말하기, 식사하기 등에 지나치게 신경을 쓴다. 아이가 부족해 보이는 행동을 하거나 말썽을 일으키는 모습만 없어도 좋겠다.

남에게 폐가 되고 싶지 않은데 아이는 자꾸 다른 아이들을 힘들게 해 몹시 화가 난다. 부모는 '남에게 피해를 주는 행동을 하는' 아이가 견디기 힘들다. 그래서 남이 뭐라 하면 괜히 내 아이부터 잡는다. 내 아이로 인해 누군가의 입방아에 오르는 것도 괴롭다. 이런 부모는 남의 비난과 비판이 싫어 갈등을 최대한 피하고 남들과 평화롭게 지내는 유형이다.

그런데 내 아이의 언행이 자꾸 문제를 일으켜서 갈등이 생기니 난감하다. 왜 아이가 문제를 일으키는지도 납득되지 않는다. 부모는 누군가와 지내면서 힘든 일이 없는데 왜 아이는 이럴까 싶다. 고집을 좀 줄이거나 양보하면 될 일인데 오히려 내 아이가 원망스럽다. 그래서 자꾸 내 자식만 야단친다. "인성이 되지 않고 공부만 잘해 뭐하냐?"는 말을 자주 한다. '남에게 좋은 모습을 보이자'는 신념이 강한 부모일수록 내 자식의 허물만 더 본다.

노심초사형
'놀다가 다칠까 겁난다'라는 생각

자녀가 밖에서 어떤 모습으로 지낼지 부모로서 잘 가늠이 되지 않는다. 특히 자녀가 또래보다 덩치가 작거나 말주변이 떨어지거나 몸놀림이 재빠르지 않다면 밖에서 아이들과 어울릴 때 여간 신경이 쓰이는 게 아니다. 신체적인 제약 때문에 아이가 친구들에게 공격받아 혹여 다치면 어떡하나 걱정되어 아이를 쉽게 못 떼어 놓는다.

어쩌다 아이가 친구에게 당하는 느낌이 들거나, 치고받고 싸우다가 정말 다치는 것을 보거나, 아이가 친구 때문에 울고 짜증내면 부모는 그 친구랑 계속 놀게 할까를 재빠르게 고민한다. 친구가 혹시 위험한 아이는 아닌지를 의심한다.

부모는 자녀가 다치거나 정서적으로 고통스러워하는 것을 보는 것이 괴롭다. 그래서 아이를 더 이상 그 친구와는 놀리지 않겠다고 결심한다. 이런 부모는 '친구 관계에서 해를 입어 다칠 수도 있다'라는 신념이 강하다. 그러니 다른 관계에서 고통을 배우는 것보다 차라리 부모와 행복한 시간을 보내는 것이 낫다고 여겨 부모가 데리고 있으려 한다.

문제는 부모의 이런 태도가 안전할지 모르나 자녀는 외부 세계에 대한 위축감, 두려움으로 도전할 마음이 줄어 성장에 엄청난 방해물이 된다.

단호박형
'혼자 지내는 게 더 편해'라는 생각

부모 자신이 원래 다른 사람들과 어울리거나 왕래가 많지 않다. 집에서 지내는 것을 좋아하고 살림이 편하다. 밖에서 많은 사람들과 어울리는 것이 피곤하다. 조용히 아이와 지내는 시간이 마냥 행복하다. 가정적이면서 헌신적인 모습이다. 남편도 그런 아내가 든든하기도 하다. 아이들도 크게 불만이 없고 주말에 가족끼리 지내는 것도 무리 없다.

그러다가 아이가 단체생활을 하며 친구랑 놀고 싶다고 하면서 부모는 본격적으로 갈등한다. 아이가 어리니 아이들끼리만 놀릴 수도 없고 그렇다고 엄마들을 만나 같이 놀자니 엄마 맘이 무겁다. 엄마는 조용히 맘에 맞는 사람과 지내고 싶은데 그런 엄마 친구를 쉽게 만나지도 못하고 아이 때문에 어울리자니 피곤하다.

이런 부모의 경우 이미 자신이 받은 상처들이 많아서 관계 자체를 꺼릴 수도 있다. 혹은 성격적으로 집에 있는 게 편한 사람일 수 있다. 다른 사람에게 다가가기도 겁나고 별로 좋은 경험이 없기 때문에 그렇게 노력하는 과정이 시간낭비, 에너지 낭비 같다. 아이를 위해서 머리로는 해야 한다고 생각하나 마음은 쉽게 동하지 않는다.

부모 자체가 피곤한 관계로 조금도 들어가고 싶지 않다. 한마디로 '부모 자신을 힘들게 하는 관계는 필요 없다'고 여긴다. 편하게 '학교에 가면 알아서 친구를 사귈 텐데 뭘 지금부터 야단법석을 떠나?' 생각한다.

결국 아이가 알아서 친구를 찾으려 하기 전까지 부모는 자기 방식을 고수한다. 아이의 성향이 부모와 비슷하다면 큰 무리가 없다. 하지만 그렇지 않다면 아이는 많은 제약 아래 자라다 부모와 정반대로 친구나 다른 관계에 집착할 가능성이 높다.

오지랖형
'가능한 많은 사람들과 잘 지내는 게 좋다'라는 생각

영아기 아이와 집안에 갇혀 단둘이 있는 것이 죽을 것만큼 힘들고 잠깐이라도 누군가를 만나야 살 것 같다는 부모들이 있다. 갓난아이를 안고 항상 친정집으로 달려간다. 혹은 모임을 만들고 하루 종일 이웃과 붙어 있는 날들이 많다. '여러 사람들과 같이 있는 것이 아이에게 좋을 것이다'라고 철석같이 믿는다.

아이를 엄마 모임에 데리고 가는 것은 일상이다. 거기서 아이도 친구를 사귀니 일거양득이라 여긴다. 사람들을 만나면서 부모는 외로움을 잊는다. 혼자서 아이를 책임지는 어려움을 잊고 도움도 받지만 누군가를 도울 수도 있어서 좋단다. 한 번 튼 관계는 옆집 숟가락이 몇 개인지까지 알면서 지낸다. 주말이면 어디를 가야 직성이 풀린다. 아이가 어릴 때부터 캠핑도 다니고 다양한 곳을 봐야 아이에게도 좋을 것이라 여긴다.

사람들의 접촉을 일찍 만들어 주고 관계를 보여 주는 것은 당연히 아이의 사회성에 많은 도움을 준다. 문제는 아이의 성향이다. 부모와 달리 이렇게 많은 사람들과 만나는 게 힘든 아이들이 있다. 아이의 성향이 그럴 경우 스트레스를 엄청나게 받는다. 상담에서 부모와 갈등을 겪는 아이들 중 양육 때 부모가 너무 일찍 많은 사람들에게 노출시켜 사람에 대해 더 힘겨워진 아이들이 꽤 있다.

또 다른 문제는 부모가 끊임없이 관계를 맺는 만큼 자녀에게 집중하는 건 줄 수밖에 없다는 점이다. 자녀를 데리고 다니면서 자녀 중심이 되기보다는 자녀에게 부모의 활동에 방해되지 않도록 꾸짖는 일도 많다. 이렇게 되면 부모가 함께 있어도 아이는 불안정감, 즉 애착에 문제가 생길 가능성이 높다.

환경예민형
'낯선 타지의 생활은 어렵다'는 생각

맹모삼천지교처럼 부모는 자녀를 위해 좋은 환경을 제공하고 싶다. 그런데 부모가 경험하지 않은 사회나 문화적 환경은 부모 자신도 당황스럽다. 그래서 자꾸 자신이 살아온 곳으로 와서 자녀를 키우고 싶다. 그러면 사람들과 관계 맺거나 환경에 적응하는 일이 어렵지 않다.

하지만 남편이나 직장 혹은 자녀의 더 나은 교육을 위해 어쩔 수 없이 이동해야 하는 일이 생긴다. 새로운 곳으로 가는 건 자극도 되고 성장을 위한 동력이 되지만 꼭 그렇지 않은 사람들도 있다. 모르는 곳에서 무언가 시작하는 것에 큰 어려움을 호소하는 부모들도 많다. 외국에 나가 우울증에 걸려 돌아오고 싶은데 직장 때문에 오지 못하는 사람들도 있다.

우울증까지는 아니어도 새로운 지역의 사람들과 어떻게 관계 맺는지를 고민하는 부모들도 많다. 귀농하거나 섬 지역으로 가서 지낼 때 그들의 배타적인 태도를 견디기 힘들다고 호소한다. 역으로 갑자기 도심으로, 그것도 교육열이 강한 지역 한복판으로 와서 엄마들과 지내는 것에 당혹스러워도 한다. 혹은 조직 생활을 엄마들도 같이 경험해야 하는 군 아파트 생활에서 서열을 견디기가 힘들다는 부모도 있다.

이렇게 낯선 곳의 경험이 힘들수록 아이들과 그곳에서 '이방인처럼 산다'고 생각한다. 그래서 부모는 지역에 뿌리내리기보다는 가족끼리 결속을 다진다. 모든 아이들이 그런 건 아니지만 어릴수록 아이들도 그런 관계를 답습하며 외부에서 소속되지 못하는 고통을 겪기도 한다. 즉, 가족 외의 관계가 잘 만들어지지 않는다.

자녀의 사회성에서 부모 자신을 만나다

위의 생각을 지닌 부모들은 자녀에게 왜곡된 사회성을 심어 줄 가능성이 높다. 부모들도 자신의 실패한 사회성을 답습시키고 싶지 않다. 그래도 무의식적인 과정으로 일어나므로 어쩔 수 없이 전달된다. 이를 최대한 줄이고 싶다면 부모 자신에 대한 이해가 먼저 필요하다.

부모들이 자신의 어린 시절을 모두 기억할 순 없다. 신기하게도 몸은 기억한다. 자녀가 처한 특정 상황이 부모가 무척 괴로웠던 경험과 비슷하다고 느끼면 의식적으로 기억할 순 없어도 몸은 기억해 생각하지 못한 감정을 끌어올린다. 자녀가 관계에서 실패하거나 부적절한 대처를 하는 걸 보고, 부모는 자신도 모르게 화나고 속상해하고 심할 때는 불안해한다. 그러면서 왜 자신이 이렇게밖에 반응할 수 없는지 괴로워하기도 한다.

이런 반응은 무의식적인 과정이라 부모도 그 이유를 알기 힘들다. 부모의 과거 경험과 연관되어 있다. 자신의 과거와 현재의 자녀가 어떤 모습으로 겹쳐지는지 보려 하고, 그런 나를 닮지 않도록 자녀를 돕고자 지금 바꾸어야 할 모습은 무엇인지를 고민해야 한다. 그러면 부모의 안 좋은 영향을 줄이고 자녀의 사회성을 건강하게 기를 수 있다.

 부모의 MY STORY

- '나의 사회성' 모습에서 자녀에게 긍정적으로 영향을 미친 것은 무엇일까요?
- '나의 사회성' 모습에서 자녀에게 부정적으로 영향을 미친 것은 무엇일까요? 소개된 유형 중 어떤 모습인가요?
- 지금 자녀의 사회성을 위해 내가 조심하면서 바꾸려고 연습하고자 하는 내용은 무엇인가요?

혹시 부모를 통해
남 탓을 먼저 배우고 있지 않나?

'뗏지병'에서 시작되는 남 탓

H 평론가가 한 프로에서 나와서 한 말이 인상적이었다. 어느 영화에서 주인
공이 처음 보는 사람에게 "내가 네 편이 되어 줄게"라는 말을 아주 쉽게 하는
장면을 보고 이 영화는 이 한마디로 모든 결론을 쉽게 내버린 영화라고 소개했
다. 그러면서 진짜 중요한 관계가 어떻게 만들어지는지에 대한 중대한 메시지
가 빠진 게 이 영화의 맹점이라고 했다. 사람은 서로 알아 가면서 이해하는 과
정을 배워야 한다는 것이다. 무척 공감되는 말이었다.

관계를 배워 가는 과정에서 부모는 아이들을 너무 귀하게 여기는 바람에 문

제가 생기면 아이가 맘 상할까 봐 몹시 걱정한다. 그로 인해 아이는 자기 행동이나 감정에 대해 솔직하게 인정하고 표현하는 것을 잘 배울 수 없게 된다.

한 예로 어린아이가 바닥에서 넘어지면 어른들이 흔히 하는 반응이 무엇인지 기억나는가? 특히 할머니들이 많이 하시던 반응이다. 바로 바닥을 치며 "뗏지"하고 혼내는 거다. 어른들은 나름 아이들의 기를 세워 주기 위해 이렇게 하신다. 인지적으로는 아이의 발달에서 물활론적 사고가 생기는 시기라 사물에게도 생명이 있는 것처럼 꾸중하는 모습이다.

하지만 심리학적 입장에서 보면 이는 문제 상황에서 남 탓을 기르는 반응으로 본다. 그래서 이를 '뗏지병'이라고도 부른다. "뗏지"하며 혼내 주는 것을 보면서 아이는 자기도 그렇게 한다. 바닥을 치면서 같이 뗏지, 뗏지 하며 자기가 왜 넘어졌는지를 고민하기보다 나를 넘어뜨린 바닥만 애매하게 혼낸다.

그 결과, 아이는 문제가 생기면 나로 인한 이유를 생각하기보다 '남 탓하는 모습'을 먼저 학습하게 된다. 자기 잘못에 대한 죄책감을 덜기 위해 남을 탓하는 습관을 길러, 문제가 생겼을 때 이유와 결과를 생각해서 해결하려는 기회를 놓친다.

일단 자기 잘못을 보는 훈련이 되지 않으면 다른 사람과의 갈등에서도 내 잘못보다는 다른 요인부터 생각해 외부 환경이나 사람들을 탓하게 된다. 그게 적어도 자신을 덜 아프게 하기 때문이다. 그래서 자신을 바로 만나는 훈련이 중요하다. 잘한 내 모습도, 잘 못한 내 모습도 있는 그대로 만나게 하는 훈련이….

혼나는 건 싫어!!!

남 탓하는 것은 뗏지병 외의 또 다른 요인도 있다. 상담실에서 자주 만나는 아이들 중 딱 잡아떼는 아이들이 있다. 문제가 생기면 '내가 한 것이 아니다', '난 모른다', '쟤 때문에 생긴 일이다'라고 한다. 서로 싸우는 아이들을 데려와 이야기를 시키면 더 극명하게 나타난다. 어른이 보기에 어설픈 논리에 빠한 거짓말을 너무나 뻔뻔하게 하는 아이들도 있다.

도덕성 불감일까? 이보다는 다른 이유가 있다. '혼나는 것의 두려움'이다! 누군가에게 꾸중 듣기 싫어서 일단 딱 잡아떼다. 특히 툭하면 꾸중을 듣는 아이들에게서 이런 모습이 많다. 꾸중이나 비난을 입버릇처럼 하는 어른들 아래 자란 아이들은 혼나는 게 지긋지긋하다. 그래서 당장 혼날 것을 피해보자는 생각에 일단 잡아떼다. 혼날 때 혼나더라도 일단 넘어갈 수 있을 때까지 미루려 한다.

어차피 밝혀질 것을 왜 이렇게 물고 늘어져 화를 더 키울까? 이런 아이들이 알고 보면 참 자존심이 세다. 자존심 때문에 잘못을 인정하고 싶지 않다. 그런데 자존심이라는 게 실상 자존감이 없는 사람이 보이는 자기 방어다. 남에게 굴복하고 싶지 않은 마음이 자존심이다. 자존심이 센 사람은 늘 자신이 강하다는 것을 보여야 안심한다. 실상은 자신의 약한 자아를 다른 사람이 알까 봐 일부러 센 척하는 것이다. 자존심을 세우면서 관계 문제에서 끝까지 싸우는 사람들은 알고 보면 이렇게라도 이겨 자기 힘을 증명받고 싶은 것이다. 힘없는 자신을 들키는 것은 죽기보다 싫기 때문에. 남 탓을 해서라도 지지 않아야 한다. 꾸중을 들어 약한 내 자아가 건드려지지 않도록 잘못을 끝까지 부인한다. 처절하리만큼….

자신의 우월감을 다치고 싶지 않은 게 사람의 마음이다. '셀프핸디캐핑(self-handicapping)'이라는 현상도 그런 예다. 학생들을 A 그룹과 B 그룹으로 나누어 전자는 어려운 시험문제를, 후자는 쉬운 시험문제를 풀게 했다. 그런 다음 결과를 알려 주고 일주일 후 다시 시험을 볼 것인데 그 사이에 머리가 좋아지고 집중을 돕는 약을 준다며 먹고 싶은 사람은 선택하라고 했다. 누가 더 그 약을 먹겠다고 선택했을까? 얼핏 보면 어려운 문제인 A 그룹이 선택할 것 같다. 하지만 결과를 보니 A 그룹은 거의 선택하지 않았다. 왜일까? 어차피 어려웠고 결과도 안 좋은 경험을 한 아이들은 못하는 것에 대한 핑계거리를 찾고 싶다. 만약 약을 먹고서 시험을 못 보면 정말 자기가 못하는 사람이 되기에 두려운 것이다. 우리에겐 이처럼 우월감을 지키고 싶은 마음이 있다.

• 부모의 남 탓 모습 •

'감히 내 아이의 기를 꺾다니…'

남 탓을 하게 되는 요인으로 부모의 양육태도가 있다. 내 자녀는 마음이 너무 여려서 쉽게 상처받는다며 남들의 행동을 공격적인 것으로 보는 부모들이다. 이들은 아이가 조금만 다퉈도 친구 문제에 끼어서 그 친구랑 관계를 끊게 하거나 상대를 굉장한 가해자로 여겨 문제를 크게 만들기도 한다.

심한 경우는 아이가 조금이라도 맞고 오거나 약세인 상황을 눈뜨고 보지 못한다. 7살 도훈이 엄마의 예를 보자. 도훈이 엄마는 아이에게 입버릇처럼 "네가 맞으면 무조건 너도 패줘라. 엄마가 병원비 다 줄 테니 걱정 마라"고 한다. 아이가 기죽는 모습은 절대 보고 싶지 않단다. 스스로 유학파라면서 외국에서는 아이를 이렇게 당당하게 키운다고 한다.

도훈이 엄마는 아이 스트레스의 원인을 다 외부로 돌린다. 아이들은 밝게 자랄 의무가 있다며 스트레스를 주는 환경이나 사람을 문제로 여긴다. 도훈이가 다른 아이와 갈등이 생길 때마다 상대 아이를 탓한다. 상대 아이가 장난으로 때리면 "우리 아이가 얼마나 힘센 줄 아니? 다음에 또 그러면 넌 크게 다치게 될 거다." 식으로 우회적인 협박을 한다. 지금 경고했으니 다음에 같은 일이 생기면 다쳐도 뭐라 하지 말라고 따끔하게 일러두기까지 한다.

'아들 중심으로 돌아가는 세상'이길 바라는 도훈이 엄마는 엄마들 사이에서 왕따가 되고 있었다. 도훈이와 놀게 하는 엄마들이 줄면서 도훈이는 친구가 없다며 신경질이 늘고 있었다. 아이를 도우려던 것이 오히려 방해가 되었다. 정작 도훈이 엄마는 그런 자신을 잘 모른다. 더 큰 문제는 도훈이가 또래 문제를 스스로 해결할 줄 모르게 된다는 점이다. 언제까지 부모가 해결해줄 것인가?

이러한 부모 밑에서 자란 아이들은 문제가 생기면 엄마만 찾는다. 부모가 해결해주는 게 당연하다고 여긴다. 말만 하면 "엄마에게 갈래", "엄마에게 이를 거야"라고 한다. 친구랑 갈등이 생기면 자의반 타의반으로 그 친구랑 끊어진다. 그 아이의 잘못이고 나쁜 아이니까. 무엇보다 엄마가 놀지 말라고 했으니까….

· 부모의 남 탓 모습 ·
'선생님이 문제야.'

남 탓은 또래에만 적용되는 게 아니다. 학교에서 생기는 갈등을 선생님의 탓으로 돌리는 부모도 많다. 내 아이를 특별하게 관리해주지 않는다고 생각되면 선생님을 원망한다. 특히 과잉부모들은 자녀에 대해 일종의 선민의식이 있다. 내 아이는 선택된 좋은 아이인데 다른 사람들이 잘 몰라준다며 주변 사람들을 많이 원망한다.

2학년 해우의 엄마는 아들이 태어날 때부터 인물도 출중하고 모든 이들의 사랑을 듬뿍 받았다며 자랑스러워한다. 그런데 유치원에서 선생님이 아들을 제대로 돌보지 않아 문제가 생겼다고 여긴다. 예민하고 여린 아들을 잘 따라하지 않는다고 구박한데다 무심한 선생님 때문에 아들이 여러 아이들 앞에서 이상한 아이로 망신당해 상처를 받았다고 굳게 믿는다.

그 후 해우 엄마는 선생님에 대한 신뢰가 없어졌다. 학교에서도 문제가 생기면 일단 선생님이 해우를 이상한 아이로만 본 건 아닌지 의심한다. 해우의 좋은 면들이 잘 드러나지 않는 것도 선생님이 부정적으로만 봐서라고 생각한다. 해우는 능력도 많고 애정도 많은데 아직 또래랑 놀 줄을 몰라서 생기는 문제를 마치 큰 병처럼 말해 너무 화난다 한다. 사실 상담실에 온 것도 그렇지 않음을 보여 주려고 온 거라고 한다.

이것은 자기 자녀를 이상적으로 보고 모두 자기처럼 볼 거라 착각하는 모습이다. 남들이 자녀를 그렇게 보지 않으면 비난하고 기피한다. 자녀를 예뻐하고 좋은 면만 말하는 사람들과만 교류한다. 물론 누구나 자녀의 부족하거나 나쁜 모습을 남에게 들으면 너무 화나고 내 잘못을 듣는 것보다 훨씬 더 속상하다. 그런데 이런 부모는 이 양상이 매우 심하다. 자녀를 좋지 않게 말하는 사람에 대해 인간성을 들먹여서라도 관계를 끊으려 한다.

또한 자녀를 잘 보호해주지 않는 선생님이라 판단되면 자질을 의심하고 신뢰도 깨버린다. 그래서 갑자기 선생님에 대한 태도가 돌변한다. 부모가 선생님을 무시하면 아이는 세상의 권위를 배우지 못한다. 자기 판단을 중시하고 어른들의 말을 무시한다. 결국 사춘기에 부모도 무시할 가능성이 높다.

남의 티끌보다 내 눈의 들보 보기

남 탓을 하는 자녀의 모습은 부모의 행동을 보고 배운 것일 수 있다. 부모는 자식에게 가끔 눈 먼 사랑이 되어 객관적인 관점을 잃는다. 사람은 좋은 점도 있지만 나쁜 점도 있다. 마찬가지로 내 자녀도 장단점이 있다. 단점이 다른 사람들에게 어떠한 영향을 미칠지 늘 점검하지 않으면 계속 갈등할 수밖에 없다. 갈등이 반복된다면 아이의 단점을 이해하고 극복하려는 노력이 필요하다. 그렇지 않으면 친구와 조화롭게 지낼 수 없다.

그런 면에서 사회적 관계에서 내 아이가 어떤 모습인지 늘 살펴야 한다. '내 앞에선 너무 소중하고 예쁜 자식이지만 밖에서는 꼭 좋은 모습만은 아닐 수 있다'고 생각해야 한다. 다른 아이들의 잘못된 행동을 들으면 먼저 내 아이를 돌이켜 봐야 하는 이유다. 내 눈의 들보는 얼마나 큰가? 그러면서 남의 티끌을 갖고 문제 삼는다면 얼마나 우스운 일인가?

 부모의 MY STORY

- 나는 자녀의 사회적 모습을 보면서 누구를 탓하게 되는가? 자녀의 친구, 선생님인가? 아니면 배우자, 시댁, 나의 원가족인가?
- 나의 자녀가 어떨 때 남을 탓하는 모습을 보이나? 나는 그것을 어떻게 다루고 있나?

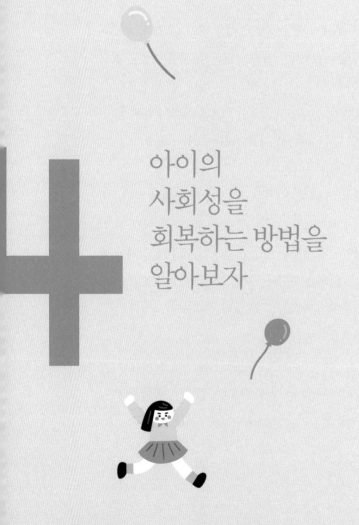

4

아이의
사회성을
회복하는 방법을
알아보자

관계가 좋으니
공부도 즐겁다!

부모의 친밀감이 공부의 저항을 줄여준다

어느 아이라고 공부를 척하니 재미있어 할 수 있을까? 공부를 선천적으로 좋아하는 아이는 극히 드물다. 대부분의 아이들이 처음 학습에 들어가면 힘겨워한다. 황무지에 길을 만드는 장면을 상상해보자. 거리의 길을 만들려면 땅을 일구고 여러 과정을 거쳐야 번듯한 길이 생긴다.

학업과 관련된 뇌의 길도 마찬가지다. 미완성의 뇌는 끊임없이 자극받으며 신경을 만들고 필요한 길과 불필요한 길을 구별해 가지 친다. 그 과정을 통해 고차원적인 생각을 할 준비를 한다. 뇌를 똑똑하게 만드는 과정은 다양한 경험에 노출되는 것과 함께 사고 훈련을 하는 것이다. 뇌의 길이 자리 잡고 기능이 완전해질 때까지 쉽지 않은 시간이 필요하다.

그런 학업의 길이 어쩌다 재미있을 때도 있지만 대부분은 힘겹고 지겹다. 배움이 즐거움에 이르기는 쉽지 않다. 따라서 힘든 학업을 잘 받아들이려면 학업과 연합되는 '즐거움'이 필요하다. 자녀가 싫어하는 것을 좋아하는 것과 연결시켜 좋은 감정으로 느끼게끔 해주는 것이다. 그 대표적인 방법으로 '싫어하는 공부와 함께하는 부모의 온정'이다. 공부는 지겨운데 동시에 따라오는 부모의 따스한 지지나 격려, 보상들이 잘 연합되면 공부에 대한 외적 동기가 생긴다. 아이는 공부가 힘들어도 그런 관심과 애정이 행복해서 견디려 한다.

그래서 아이에게 어려운 과제를 시도하기 전에 부모와 친밀한 관계를 점검하는 게 좋다. 낯선 곳을 여행할 때 아이는 혼자 힘들어하지만 부모가 함께하면 기꺼이 따라나선다. 공부라는 세계도 마찬가지다. 힘든 과업을 이겨 나가는 길에 부모의 따뜻한 시선이 필요하다. 그러기 위해서는 원만한 부모-자녀 관계가 우선이다. 툭하면 다투고 부모에게 불만이 많은 자녀가 부모가 하라는 도전, 게다가 재미없고 힘든 도전을 기쁘게 받아들일 리 없다.

아이에게 공부를 시키다 보면 부모와의 관계가 다시 보인다. 어린아이일수록 공부할 때 부모가 감시자가 아닌 긍정 강화를 주는 격려자로 있다면 아이는 힘들어도 공부를 맞닥뜨릴 수 있다.

원만한 친구 관계가 공부의 경쟁력을 기른다

친구랑 잘 지내는 것과 공부를 잘하는 것이 꼭 비례하진 않는다. 하지만 친구 관계에서 문제가 생기면 학업에 악영향을 주는 것은 분명하다. 친구와 갈등이 생기면 심정적으로 고통스럽다. 사람은 고통을 겪으면 심리적 에너지를 그 마음을 평안하게 다스리는 데 쓴다. 한정된 에너지를 내적 갈등의 에너지로 소비하면 남은 에너지가 당연히 적다. 그렇지 않아도 공부에 집중하기 어려운데 잘되던 공부도 집중이 안 될 수밖에 없다. 친구가 한 말이 자꾸 생각난다. 기분 상한다. 이런저런 생각에 공부가 안 되어 짜증난다. 공부가 재미없다. 그냥 머리를 비우고 싶다. 이런 식으로 공부를 방해한다.

그렇다고 친구 관계에서 항상 좋을 수만 있겠는가? 관계는 즐거울 때도 있지만 힘들 때도 있다. 사람과 사람이 서로 다른 모습으로 얽히고설키면서 묘한 긴장감이 들고 서로의 매력에 끌리는 쾌감도 있다. 동시에 다름을 맞추어야 하는 순간도 있다. 적절한 스트레스는 삶의 동기와 에너지를 주지만 자신이 감당할 수 있는 강도를 넘는 스트레스는 우리를 피곤하게 만든다. 전자처럼 삶의 태도에 긍정적인 영향을 주는 것은 유스트레스(Eustress)라고 하고 후자처럼 부정적인 영향을 주는 것을 디스트레스(Distress)라고 말한다.

관계를 잘 유지하려면 긍정적인 관계 경험이 부정적인 경험에 비해 월등히 많이 쌓여야 한다. 평소 친구와 즐겁게 지낸 적이 많은 아이는 갈등이 생겨도 관계를 회복하는 힘이 좋다. 친구와의 긍정경험이 부정경험보다 5배 이상 많으면 싸워도 갈라서지 않는다. 관계 유지의 비결은 긍정경험이 충분히 많은 데 있다. 2배 정도면 관계가 흔들릴 수 있다고 한다.

부모는 아이에게 친구 문제가 없는 게 아니라 아이가 친구 문제로 휘둘리지 않으면서 자기 페이스대로 공부하는 능력을 갖기를 바란다. 그러려면 어릴 때부터 친구들과 많은 시간 동안 즐겁게 논 경험들이 있어야 한다. 그런 경험들은 아이 내면에 잘 녹아들어 사춘기 즈음부터 관계 문제들이 일어날 때 쉽게 휩쓸려 자신을 포기하거나 친구를 놓아 버리지 않게 만든다. 친구와의 즐거운 경험이 얼마나 쌓였는지가 결국 관계 스트레스를 극복하는 힘이 된다.

또래와의 좋은 관계가 학업에 긍정적인 영향을 미치는 요인으로는 또래의 준거집단이 주는 기준들이 있다. 아이들이 친구와 노는 재미를 알면 소속감이 든다. 이 소속감이 만족되면 자신이 속한 친구 집단의 기준들에 맞는 사람이 되고 싶어한다. 그래서 친구들이 인정하는 영역에서 능력을 발휘하고 싶어진다. 학업도 그 영역 중 하나다. 공부를 잘하는 것은 모두 되고 싶은 워너비(wanna be)의 모습이다. 그래서 친구들과 어울리면서 그 능력을 더 키우고 싶어지고 또래 사이에서 존재감을 인정받으려 노력한다. 선한 경쟁으로 학업에서도 친구만큼 해보겠다는 마음도 생기고 함께 더 높은 단계로 나아가도록 서로 격려하기도 한다.

선생님과의 인격적인 관계가 공부의 꿈을 키운다

학업에 영향을 주는 중요한 요인은 선생님이다. 얼마나 재미있게 잘 가르치냐도 중요하지만 더 중요한 것은 교사가 학생에게 갖는 관심과 기대다. 부모의 학창시절을 떠올려 보자. 선생님이 좋아서 공부를 열심히 한 적은 없었나? 특히 중고등학교 시기에 좋아하는 선생님의 과목은 무조건 잘해보려고 노력한 기억들이 하나둘 있을 것이다.

마찬가지로 선생님과 문제가 생기면 그 과목은 아무리 중요한 과목이라 해도 여지없이 흥미를 잃는다. 자기 의사가 분명한 학생일수록 선생님으로 인해 학과목에 대한 거부감이 생기면 그 과목을 아예 거들떠보지도 않을 것이다.

선생님의 인정으로 큰 꿈과 소망을 갖는 아이들이 있는가 하면 선생님이 싫어서 그쪽 분야에는 고개도 돌리지 않는 경우도 있다. 선생님이 학생을 긍정적으로 보고 좋은 기대를 하면 그 학생은 선생님이 기대한 만큼 좋은 결과를 보인다는 연구가 있다. 반대로 선생님이 학생이 문제가 있고 수행을 제대로 못할 거라 여기면 아무리 능력 있는 학생도 선생님의 기대만큼 낮은 수행을 한다는 연구다. 전자의 연구는 선생님의 피그말리온 효과(pygmalion effect) 또는 로젠탈 효과(rosenthal effect)로 불린다. 칭찬의 긍정적인 효과를 설명하는 용어다. 후자는 스티그마 효과(stigma effect)로 부정적인 기대에 맞춰 수행하는 부정적인 효과를 설명하는 용어다.

이 연구 결과는 학생에게 교사의 기대대로 수행하려는 자기예언적 충족 모습(자기충족적 예언self-fulfilling prophecy)이 있음을 밝혀냈다. 사람은 스스로를 바라보며 기대하는 바를 이루려 하지만 동시에 가까이 있는 사람들, 특히 학습에서는 교사의 기대를 이루려는 모습이 많다. 따라서 교사와의 관계에서 부정 경험이 많다면 학업을 망칠 가능성이 아주 높아진다.

친밀한 관계 속에서 공부의 내적 동기가 자란다

아이가 알아서 공부하는 모습은 부모의 간절한 소망이기도 하다. 일명 스스로 학습이라고 하는 자기주도적 학습이야말로 가장 이상적인 모습이다. 하지만 어린 시기에는 이러기가 힘들다. 일반적으로 초등학교 저학년, 사춘기 전까지는 부모의 감독이나 도움으로 공부하는 방법도 배우고 여러 과목을 접하는 기회를 체험해야 한다. 초등학교 고학년 이후부터 부모가 함께하지 않아도 자녀가 공부에 대한 자기만의 이유나 즐거움 같은 동기가 있을 때 비로소 자기주도 학습이 시작된다. 이를 내적 동기라 부른다.

그러면 학습의 이러한 내적 동기가 어떻게 생길까? 사람은 배움에 대한 기본적인 동기는 있다. 그런데 배우려는 욕구를 강요당하거나 억압받는 상황에서는 자연스러운 동기가 자라지 못한다. 우리나라 아이들이 공부에 빨리 질리는 이유는 어린 나이에 너무 많은 학습을, 어려운 과제를 하다 보니 자발적인 흥미를 잃는 것이다. 강압적으로 해서 흥미도 없다.

앞서 부모나 친구, 선생님과의 친밀한 관계가 학업이라는 어려운 과제를 견디는 데 심리적인 에너지가 된다고 이야기했다. 유아기나 초등학교 저학년 시기에는 누군가의 응원이나 관심, 경쟁 자극으로 공부를 하려고 시작한다. 처음에는 공부가 왜 재미있는지 알기 힘든 아이들이 좋은 결과나 깨달음의 희열을 통해 세상을 보는 시각을 배우면서 자기만의 재미를 느낄 수 있게 된다. 학업의 외적 동기가 내적 동기로 옮겨 가는 것은 자녀의 주체적인 삶에서 중요하다. 부모가 대신해서 살아 줄 수 없듯이 학업도 결국 자녀가 해야 한다.

사춘기가 오면 대부분의 자녀는 더 이상 부모가 공부에 개입하는 것을 원치 않는다. 어른이 되고자 하는 욕구로 공부도 알아서 하고 싶다. 사춘기부터는 내가 하고 싶고 재미있어야 공부를 한다. 여기서 공부는 꼭 학과목만 말하지 않는다. 사춘기 아이는 자기다움을 나타내는 능력을 찾으려 한다. 학과목의 성적에만 급급하지 말고 뭐든 배우고 싶은 욕구와 그것을 이루는 끈기와 도전의 경험이 중요하다.

이러한 배움의 욕구나 도전은 부모와의 관계에서 긍정경험이 없으면 왜곡되게 나타난다. 강압적으로 배운 아이들은 공부를 안 하려 든다. 유아기의 억압된 감정들이 사춘기 때 강하게 터지면서 배움의 시간은 노는 시간으로 대체된다. 반면 부모의 무관심으로 방임된 아이는 배움의 욕구를 어떻게 할지 몰라 헤맨다. 만약 좋은 또래나 선생님들이 있다면 그들을 통해 배워갈 수도 있다. 하지만 그런 만남도 부족하다면 아이에겐 할 줄 모른다는 무기력만 쌓이고 단순 반복 놀이로 시간을 허비하면서 잠재능력을 썩힐 수 있다.

아동기 때 너무 많이 공부한 아이들도 반작용이 나타난다. 사춘기가 되면 아이들은 대부분 학업에 대한 열의보다는 사춘기 호르몬과 전쟁을 치른다. 오랜 시간 공부만 해온 것에 회의감이 들면서 집중도 힘들고 공부에 흥미가 떨어져 동기를 잃고 갈팡질팡한다. 특히 아동기 때 강압적으로 공부한 아이는 사춘기에 심한 후폭풍으로 공부의 내적 동기가 만들어지지 않는다.

아이가 사춘기 동안 공부를 강력히 거부한다면 조금은 느슨하게 헤매는 시간을 기다려 줄 필요가 있다. 성적이 떨어진 책임이 자기에게 있음을 알아야 다시 갈증도 생기면서 공부하려 할 것이다. 아이가 열정이 없어서 공부를 안 하는 것이 아니다. 그러니 노력을 안 한다고 꾸짖지도 말자. 이 시기에는 하나의 열정으로 모아지기도 어렵고 노력이 다 좋은 결과로 이어지지 않는다. 자신의 실력이 어느 정도인지, 어떤 영역의 공부를 제대로 할 수 있는지도 이 혼돈의 시간을 통해 알아 갈 것이다. 아이가 스스로 자신을 알아 가도록 부모는 도와주어야 한다. 그럴 때 아이에게 진정한 자기주도 학습도 생긴다. 잠재력을 믿고 기다려주는 부모가 되어 주자.

그렇다면 내 자녀가 언제 잠재력을 발휘하고 책임지는 모습이 될까? 그 시기는 아무도 모른다. 부모는 그저 기다리며 포기하지 말아야 한다. 그래서 부모의 역할이 힘들 수밖에 없다.

사회성 지능,
행복한 아이의 비결이 되다

성공한 사람들의 비법은 인간관계에 있다

부모가 자녀를 키우며 바라는 것은 아이의 행복한 미래다. 부모의 희생이 있어도 자녀의 행복을 위해서는 기꺼이 감수하려 한다. 그럼 사람들은 언제 행복할까? 돈을 많이 벌면 행복할까? 좋은 직장이나 사회적 성공이 행복을 보장할까? 권위와 명예를 가지면 행복할까? 과연 부모들이 원하는 공부를 잘하면 행복할까?

여기에 대한 하버드대학의 연구 결과는 주목할 만하다. 미국의 하버드대학에서 수십 년간 종단 연구를 한 결과, 사람들이 행복을 느끼는 것은 돈도, 권력도, 명예도 아니었다. <u>가장 중요한 요인은 좋은 인간관계였다. 삶의 행복은 나와 관계를 맺는 사람들과 긍정 경험들이 많을 때 만족이 높았다.</u> 아이들의 학업이 아닌 사회성이 행복하게 만들어 줄 수 있는 것이다.

또한 가드너라는 학자는 사람들의 능력을 다중지능 관점으로 보았다. 예전에는 수치(IQ)로 지적 능력을 말했으나 제한된 언어와 동작성의 일부분으로 사람의 능력을 가늠하는 것은 한계가 있다. 이에 새로운 접근으로 능력의 다양성을 설명한 것이다. 가드너는 사람의 지능을 8가지로 나눈다. 언어논리, 수리 외에도 공간, 신체, 예술, 자기이해, 대인관계, 자연친화 이렇게 8가지 지능 영역으로 나누어 강약점을 살펴본다. 이 중 대인관계 능력은 곧 사회적 관계 능력을 말한다.

가드너가 본 성공한 사람들의 지능 특징을 살펴보면 재미있는 공통점이 있다. 사회적으로 성공한 사람으로 불리는 유명인들의 다중지능을 분석해보니 각 영역에서 두각을 보이는 사람들은 자기 분야의 재능 예를 들면, 체육인이면 신체 지능, 의사이면 수리 지능, 디자이너 작가이면 공간 지능 같은 전문 영역에서 높은 점수가 나왔다. 그리고 <u>그와 함께 공통적으로 높은 부분이 두 개 있었다. 다름 아닌 '자기 이해 지능'과 '대인관계 지능'이다.</u>

자기 이해 지능은 자신이 어떤 분야에 능력이 있는지, 자기감정을 어떻게 조절해야 하는지, 삶을 어떻게 살아야 하는지 등을 스스로 묻고 고민하며 답을 찾아가는 모습이다. 스스로를 믿고 자기 길을 갈 수 있는 것은 바로 자기 이해 지능이 높기 때문이다.

대인관계 지능은 타인의 행동을 해석하고 자기 의사를 전달하면서 언어적, 비언어적 상호작용으로 다양한 관계를 효율적으로 대처하는 능력이다. 대인관계 지능이 높은 사람은 상대의 말투나 몸짓, 표정만으로도 상대의 기분 등을 민감하게 예측하고 대응할 수 있다. 이러한 대인관계 지능이 높은 사람은 학교 밖에서 더욱 진가를 발휘한다. 원만한 인간관계를 바탕으로 사회적 성공을 이루는 경우가 많기 때문이다.

이 연구들은 결국 아이의 행복이나 성공에 아이의 인간관계가 중요한 변수임을 알려 준다. 그럼 언제부터 평생 친구가 될까? 요즘 아이들은 초등학교부터 시작된다. 유치원은 부모에 의해 관계가 유지되지만 초등학교부터는 아이들의 선택에 따라 관계가 유지된다.

초등학교 3, 4학년이 되면 아이들이 절친(베프)을 만든다. 이런 베프를 얼마나 오래 사귀는지, 그 관계를 유지하는 능력을 길러 주려면 부모가 챙기는 모습을 보이고 기회를 주면서 가르치는 것이 좋다. 즉 부모가 보기에 아이에게 좋은 친구라면 아이가 그 친구를 기억하고 관계가 더 나아가도록 정기적인 만남을 주선하거나 파자마 파티 등을 열어 준다. 이런 안내를 꺼리는 자녀도 있을 것이다. 이런 제안은 아이가 받아들여야만 가능하다.

자녀의 친구를 잘 유지해 평생 친구로 만드는 것도 중요하지만 꾸준히 인간관계 능력을 키우는 것도 중요하다. 어떤 시기에 누구를 만나든 그 사람과 좋은 친구가 된다면 아이는 행복한 사람이 될 수 있다. 그렇다면 좋은 인간관계란 무엇일까? 함께할 줄 아는 사람이다. 같이 잘 지낸다는 것은 함께하는 사람들의 마음을 헤아려 배려하고 존중하는 것이다. 서로 다른 점이 있는 사람들은 욕구와 의견도 다르다. 그런 다름을 얼마나 수용하며 맞춰 가는지가 관계 능력이다. 오목과 볼록이 합쳐 하나된 모습이다. 비례적인 교류가 있어야 한다. 한 사람만 주고 또 다른 사람은 받기만 하는 관계가 아니라 균형감 있게 서로 주거니

받거니가 되어야 한다. 친구는 동갑만 뜻하지 않는다. 나이가 들면서 친구의 폭은 다양하고 넓어진다. 나이, 성별, 인종, 장소를 불문하고 편견에서 벗어나 친구가 될 수 있어야 한다. 앞으로는 그런 관계들을 통해 대인관계 능력을 키우는 것이 지적 능력 이상으로 중요하다.

인공지능 시대, 미래 인재형은?

사회는 끊임없이 바뀐다. 빠르게 몰아치는 물살처럼 변하는 문화 속에서 앞으로 직업은 어떤 모습이 될지 알 수 없다. 인공지능 '알파고'가 이세돌과의 바둑 격돌에서 보여 준 승리는 인간이 기계와 싸워 과연 이길 수 있을까란 섬뜩함을 주었다. 이미 영화 속 사이버 장면들이 현실이 되고 인공지능과 경쟁하는 사회로 급격히 바뀌고 있다.

인공지능이 두각을 보이는 미래에서 자녀에게 어떤 능력을 키워야 할 것인가? 외국어를 못해도 앱이 실시간 통역을 해주므로 외국인을 만나는 것이 어렵지 않다. 회계를 담당하는 일은 기계가 더 전문으로 하게 된다. 공장은 로봇이 사람을 대신하는 곳이 허다하다.

이러한 사회에서 자녀가 성공적으로 지내기 위해 필요한 능력은 과연 무엇일까? 다름 아닌 '사회적 협업 능력과 공감 능력'이다. 전문가 한 사람이 움직이는 시대는 지나갔다. 전문가 집단이 서로의 영역을 융합해서 하나의 작품을 만들어 가는 협업이 점점 강세다. 일명 팀 빌딩을 통해 과업을 이루는 능력이 중요하다. 하나의 전문 분야에 속한 사람들만 만나는 것이 아니라 여러 영역의 전문가들이 같이 토론하고 결론을 만든다. 여기에는 소통 방법이나 의사 전달 능력, 배려 및 협동하는 자세들이 필요하다.

단일 민족을 더 이상 강조하지 않듯 우리나라 문화권에서의 교류에 머물러서도 안 된다. 미래의 아이들에게 필요한 중요 덕목 중 하나는 '세계 시민 의식'이다. 앞으로는 여러 나라 사람들과 함께 살아가는 글로벌 시각이 필요하다. 뇌과학자 정재승 박사의 표현처럼 '한국인'으로서의 정체감보다 앞으로는 '지구인'으로서의 정체감을 더 길러 줘야 할 것이다.

또한 기계가 대신할 수 없는 인간의 강점으로 '감정 이해 능력'이 점점 중요해진다. 자기의 감정을 인식하고 표현하고 조절하는 능력과 더불어, 다른 사람의 감정에 민감하게 대처하며 나누려는 마음은 사람들과의 관계를 겪으며 키워진다.

개인주의적 사상이 더 심해지는 상황에서 개개인의 욕구는 다르고 각각 존중받고자 한다. 각양각색의 사람들은 성향이나 상황 등에 따라 감정과 의견의 기준이 늘 달라진다. 관계의 답이 하나의 매뉴얼로 있기 힘든 이유다. 상대방의 선을 잘 이해하고 서로 지켜 주면서 유동적으로 반응하는 방법을 배워야 한다. 그래서 어찌 보면 사람을 알아 가고 조율해가는 길은 그 어떤 배움의 길보다 어렵고 평생 지속될 수 있다.

부모도 시기별, 장소별, 상황별 관계 능력을 기르기 위해 평생 교육이 필요하다. 차세대를 살아가는 나의 아이를 미래형으로 키우려 한다면 부모는 자녀의 사회적 능력에 대한 관심을 더 이상 소홀히 해서는 안 된다.

디지털 매너도 중요하다!

요즘 자녀들이 무척이나 중요하게 여기는 문화가 바로 디지털 문화다. 인터넷에서 이뤄지는 다양한 형태의 만남들은 친구를 만드는 또 다른 장이 된다.

우리나라 IT 기술의 놀라운 변화 속도는 이런 디지털 문화도 빠르게 만들고 있다. 여기에 과열된 학구열은 아이들의 놀이시간을 자꾸 줄인다. 유치원 아이들이 놀이터에서 자유롭게 실컷 노는 모습이 줄었다. 하루 종일 학원으로 전전하다 집에 와서 혼자 놀기도 바쁜 초등학생들이 허다하다. 그래서 공부 때문에 못 만나는 친구들은 디지털 세상에서 만나 논다. 친구와 몸은 떨어져 있어도 사이버 공간에서 만날 수 있다. 남자아이들은 게임 사이트에서, 여자아이들은 수다의 장인 톡방에서 만난다. 자기 생각이나 근황은 SNS를 통해 간접적으로 알린다. 나는 이렇게 잘 살고 있다고…. 몸이 부대끼며 노는 아날로그 만남을 시공간을 초월하는 디지털 만남이 대체하고 있다.

앞으로 자녀의 친구 관계는 오프라인 못지않게 온라인 관계도 중요할 수밖에 없다. 사이버에서는 국경의 제한이 없다. 전 세계 사람들과 교류할 수 있다. 어찌 보면 참 즐겁고 신선한 경험이 될 수 있다. 외국으로 간 친구들의 소식을 옆집처럼 들을 수도 있고 그 친구의 친구들도 사귀기 쉬워졌다. 관심사가 같은 사람들끼리 동호회나 게임, 팬 활동으로 사이버에서 수다를 꽃피우기도 한다. 이러한 접촉이 주는 즐거움도 직접적인 만남에 결코 뒤지지 않는다.

이러한 사이버상에서도 결국 관계 능력이 나타난다. 특히 사이버 교류에서는 글이 다른 사람의 의견에 대한 대응이나 감정 교류의 주요 통로다. 글자는 메시지만 전하는 게 아니다. 글과 함께 그 사람의 사회적 관계 능력도 보여 준다.

글을 잘 써서 친구가 된다기보다 결국 글을 통해 한 사람의 사회적 태도가 나타나고 그 모습으로 친구가 되거나, 거부도 된다. 한 예로, 카톡방에서도 누군가의 의견이 무시되고 거절되고 귀찮아하고 심지어 왕따까지 일어난다. 대면 관계의 사회성과 디지털상의 사회성은 별반 다르지 않게 나타난다.

사이버 내 인간관계가 다소 걱정되는 아이들이 있다. 대인관계 능력이 선천적으로 부족한 아이들이다. 예전 같으면 이런 아이들이 친구들과 놀면서 자신의 성향에 맞게 사회적 기술을 계발할 기회를 가졌다. 그런데 요즘은 다르다. 능력도 부족한데 기회도 적다. 결국 친구들과 어떻게 지내야 하는지를 터득하지 못하는 아이들이 많아지고 있다.

이 아이들의 문제가 잘 드러나지 않는 것은 그들이 사이버 세계로 빠지기 때문이다. 사회적 관계가 어려운 아이들은 쉽게 사이버 놀이로 간다. 문제는 사이버로만 빠지면서 은둔형이 되는 아이들이 많아진다는 사실이다. 사이버로 빠지기 쉬운 이유는 갈등을 피할 수 있기 때문이다. 현실에서 내 맘에 맞는 놀이 대상이 딱히 없다면 굳이 애쓰지 않고 놀 수 있는 사이버로 도망가면 된다. 그 결과, 현실적인 관계 능력은 자꾸 부족해진다.

사이버 관계가 문제인 것은 사람에 대한 의지나 인정욕구를 사이버 친구로 채우면 거기에 지나치게 의존하는 양상을 보이기 때문이다. 실제 상대가 어떤 사람인지도 파악하지 않고 관계가 형성되다 보니 이용당하거나 범죄에 빠지기도 한다. 사이버에서 만나는 사람을 얼마나 믿을 수 있는지 상당히 어렵다.

건강한 사람은 사이버 친구만 있지 않다. 오프라인 친구도 있어야만 한다. 사이버에서 만나는 관계가 진정으로 좋은 관계로 이어지려면 오프라인의 모임을 병행한다. 서로의 모습을 확인할 수 없는 관계에는 제한이 있고 상대를 명확히 알 수 없는 문제가 분명 따른다. 사기를 치는 사람은 글로도 얼마든지 사람을 속일 수 있다.

그런데 어린아이들의 경우, 사이버에서 만난 관계를 함부로 오프라인으로 연결하지 말아야 한다. 만약 오프라인으로 이어진다면 어른들이 꼭 동행해야 한다. 아무리 사이버에서 친절하고 다정한 사람이었다 해도 아이들이 개인적으로 만나지 않도록 주의를 주어야 한다.

부모는 아이가 사이버에서 만나는 사람들이 어떤 사람인지도 파악해야 한다. 아이들은 사람을 알아 가는 단계에 있어 곧이곧대로 믿기에 위험한 상황에 노출될 수 있다. 인천 아동 살해 사건은 디지털로 만나는 사이가 얼마나 위험할 수 있는지를 보여 준다. 이를 위해 부모가 자녀와 기본적인 의사소통을 꾸준히 해야 한다. 그래야 자녀도 자기 이야기를 할 기회가 있고, 사이버상의 관계가 어떠한지 알 수 있다. 아이가 알려 주지 않은 일들을 부모도 알 수 없기 때문이다.

'디지털 관계 속 인성교육'은 앞으로 더욱 강조될 전망이다. 글은 사람의 목소리나 표정 등이 함께 실리지 않아서 읽는 사람의 의도에 따라 여러 입장으로 해석된다. 전혀 생각하지 않은 갈등들이 나타날 수 있다. 또한 익명성을 이용해서 상대에게 무차별 공격을 하며 적대감을 해소하는 경우도 많다. 현실 관계에서 오는 실망감, 분노감, 시기, 질투 등을 거침없이 쏟아 내어 일명 '마녀사냥'도 비일비재하다. 앞으로의 인성교육은 대면 관계의 덕성뿐만 아니라 사이버상에서 지켜야 할 덕성도 함께 배워야만 한다.

사회성이 좋은 아이들에게는
보이지 않은 역량들이 있다

· 역량 1 ·

아이에게 수용적인 가족이 있다

건강한 가족의 아이는 친구들을 있는 그대로 받아들인다. 가족 내에서 자신의 모습을 과장하지 않아도 그대로 존중받은 아이들은 외부 사람들과도 비슷한 기대로 행동한다. 사람들에 대한 인정이나 관심이 부족해도 크게 신경 쓰지 않는다. 자신을 향한 타인의 관심이 적은 것이 속상할 순 있지만 적어도 자신을 이해해주는 부모가 있기 때문에 그렇게까지 힘들지 않다.

반면 역기능적 가족의 아이는 자신의 심리적 불충분한 요인을 외부 관계에서 해결하려 한다. 친구에게 지나치게 집착하거나 괴롭히는 모습이 생기는 이유이기도 하다. 가정 내에서 해결되지 못한 관계 욕구를 친구에게서 받고 싶다. 그래서 친구와 원하는 만큼 양적, 질적 관계가 되지 않으면 화도 나고 질투도 난다. 아니면 아예 상처를 받고 싶지 않아서 미리 너무 퍼주는 아이가 되거나 거리를 두고 떨어져 있는 아이가 되려 한다.

다행히 친구를 통해 가족에게서 채우지 못한 욕구를 충족하는 경우도 있다. 좋은 사람은 언제든 치유력이 있다. 부모에 못 받은 애정 욕구가 친구들과의 만족스런 관계로 눈 녹듯이 해결되기도 한다. 보통 이들은 부모에게서 심리적인 공허감을 받아 남모르는 아픔은 있지만 드러나게 갈등을 겪지는 않는 아이들이다. 자신의 강점을 통해 나름 친구와 좋은 관계를 맺어 심리적인 외로움도 해결하고 자신도 성장시킨다. 그래서 일반적인 가정에서는 친구만 잘 사귀어도 가정의 소외감이나 심리적인 문제를 극복할 수 있는 것이다.

인기 있는 아이들은 가족 내 안정감으로 인해 갈등에 쉽게 휘말리지 않고 여유 있게 바라보며 친구를 믿고 기다려 준다. 그래서 친구들에게 이해심이 많은 아이가 되어 호감을 받는다.

아이가 친구들과 어울리기를 싫어하거나 갈등이 많은 경우, 먼저 가족 내 모습을 살펴보는 건 어떨까? 첫 단추를 다시 끼는 마음으로 가족 내 정서적 소통을 원활하게 한다면 자녀의 바깥 모습도 분명 달라질 것이다. 변화의 시작은 외부가 아닌 안에서부터임을 명심하자.

· 역량 2 ·

자신의 성향대로 놀아 본 경험이 있다

아이들은 태어난 성향이 있고 자라면서 그 성향이 강화되거나 변형된다. 사회성 모습도 아이들의 성격에 따라 다르다. 친구가 없어도 별 어려움을 못 느끼며 혼자서 잘 지내는 아이가 있는가 하면 친구랑 놀아도 그저 아쉽고 밖에서 쉽게 친구를 만드는 아이가 있다. 친구가 나만 빼놓을까 봐 노심초사하며 놀이에 꼭 끼어야 한다는 강박을 가진 아이들도 있다.

사회성이 좋고 나쁜 것을 말하기보다는 자신의 사회적인 모습을 잘 이해받고 편하게 드러내는 관계가 중요하다. 자기 성향이 먼저 중시되면서 사회적인 경험이 병행되어야 한다. 즉 혼자 노는 것이 편한 성향의 아이에게는 혼자만의 시간을 충분히 주면서 같이 노는 기회를 가져야 하고, 친구들과 함께 노는 것을 즐기는 아이는 다양한 사람들과 실컷 교류하는 경험을 갖고서 혼자서 있을 줄 아는 시간을 훈련해야 한다. 자기 방식이 수용되지 못한 채 자신이 원하지 않은 사회적 경험을 강요받게 되면 오히려 아이는 자신이 어떤 사람인지 제대로 모르고 자랄 수 있다. 그러면 나답지 않은 옷을 입고 지내다 다시 자신의 옷을 찾아 헤매는 시간을 허비할 수밖에 없다.

또한 인기 있는 아이는 자기다운 모습으로 관계를 맺기 때문에 친구 관계에서 무조건 휩쓸리지 않는다. 누군가를 굴복시키지도 않고 누군가에게 지나치게 종속되지 않으면서 동등한 관계를 맺어 간다. 친구들과 함께할 때는 서로 돕지만 자신의 색깔을 드러내는 일에도 두려워하지 않는다.

부모로서 자녀의 성향이 못마땅한가? 그래서 혹시 자녀를 구박하거나 내 방식을 요구하지 않았는지 점검해보자. 내향적인 아이대로, 외향적인 아이대로 인정하지 않으면 사회적 관계에서도 부모가 기대하는 모습으로 키우려 압박하고 학대할 수 있다. 혹여 자녀가 내 맘에 들지 않아 억지로 외향적 혹은 얌전한 아이로 만들려고 강요했다면 지금이라도 부모의 잘못을 인지하고 자녀에게 진심으로 미안함을 전하자. 그리고 자녀의 태생적, 사회적 성향을 다시 회복하도록 돕자. 부모의 이러한 노력은 자녀가 자신의 옷을 더 쉽고 빠르게 찾고 당당하게 친구 관계에 설 수 있게 돕는 길이다.

· 역량 3 ·
사회적 눈치가 발달하다

인기가 좋은 사람은 아이든 어른이든 다른 사람의 기분이나 편의를 생각하며 행동한다. 자기에게만 몰입된 사람을 좋아하는 이들은 없다. 같이 있는 사람을 살피면서 반응하려는 태도를 '눈치 본다'고 표현한다.

아이는 친구들이 싫어하는 행동이 무언지 살피고 안 하려고 한다. 내가 속한 그룹이 어디까지 표현하고 대응하기를 원하는지 잘 살핀다. 내가 하고 싶은 걸 무조건 참는다는 말이 아니다. 어떻게 표현해야 집단 사람들이 나를 잘 이해하고 반응할지를 같이 생각하는 것이다.

사회적 눈치는 아주 어릴 때부터 생긴다. 낯선 사람이 오면 경계하고 위축되는 것은 상대를 살피면서 나오는 자연스러운 모습이다. 이런 태도가 없다면 다른 사람에게 맞춘다는 관점을 전혀 못 배운 것이다. 눈치가 빠른 아이들은 친구의 기분을 살피는 만큼 영역에도 민감하다. 관계에서 선을 잘 인식하고 경계를 어디까지 할지 언제 다가가도 괜찮은지를 살핀다.

또한 눈치 있는 아이는 자기 기분에만 젖어 있기보다는 전체 상황을 보면서 대응하려 한다. 너무 기쁘거나 혹은 슬프거나 화나도 전체 흐름을 방해하는 감정 표현은 자제하려 한다. 흐름에 맞춰 자신의 감정 표현을 조절한다. 보통 눈치 없는 아이들이 이런 흐름을 못 맞춰 과하거나 뒷북치는 모습으로 친구들의 핀잔을 듣는다.

또한 눈치 있는 아이들은 자기 말에 집착하지 않는다. 말할 기회가 고루 있는지 다른 사람은 어떤 이야기를 하는지 살피며 주의 깊게 듣는다. 상대 이야기에 관심을 보이는 태도는 자신을 좋아한다고 느끼게 한다. 상대로 하여금 배려해주고 서로 원하는 심리적 거리로 관계를 맺는다는 안정감을 준다. 그러니 그 친구라면 좋다는 느낌이 들 수밖에 없다.

자녀의 눈치는 타고난 성향에 따라 차이가 많다. 일반적으로 첫째보다 둘째, 셋째 등 어린 자녀들이 태어날 때부터 경쟁하기 때문에 눈치가 빠른 편이다. 외동이는 주위 어른들이 맞춰 주어 다소 떨어지는 경우도 있다. 하지만 모든 경우는 아이에 따라서 충분히 달라진다. 부모는 자녀의 눈치를 키우기 위해 다른 사람들을 살피면서 위축도 되고 싸워도 보면서 아이가 상대방이 원하는 선을 찾는 방법을 스스로 터득하도록 격려해야 한다. 상대 입장을 설명하거나 상대방이 되어 보는 훈련으로 다양한 상대와 어떻게 관계 맺을지 배워야 한다.

타인만큼 자신도 소중히 여긴다

인기 있는 아이들의 특징은 남에게도 잘하지만 자신도 귀하게 여긴다. 어쩌면 이 둘의 균형을 잘 유지하는 아이들일 수 있다. 다른 사람을 배려하지만 자신을 억압할 만큼 맞추는 것은 아니다. 자신이 좋고 싫은 것도 표현할 수 있다.

아이들도 남에게만 맞추며 자기 힘이 없는 아이는 얕잡아 본다. 남에게 잘하면서도 건강한 자아로 힘 있는 모습을 보여야 다른 아이들이 함부로 대하지 않는다. 그리고 그런 내면의 강함을 좋아한다. 너무 쉬운 사람은 질리기도 하고 흥미를 쉽게 잃게 하는 법이다.

약간의 힘겨루기나 갈등이 있어도 자기표현이 있는 친구는 세게만 부딪히지 않는다면 더 매력적인 아이가 된다. 그러니 자기 힘이 있는 아이로 키워야 한다. 남의 시선을 지나치게 의식해서 자신이 원하는 바를 표현하지 못하는 아이가 때로는 배려심이 있어 보일 수도 있다. 하지만 그 수위에 따라서 내적 힘이 없는 아이로 보이면 공격적인 아이들의 목표물이 될 수도 있다. 실제로 학교폭력위원회의 피해자로 몰리는 아이들에게서 이러한 자기주장 능력이 부족한 경우가 많다.

그렇다면 내가 얼마나 소중한 존재인지 알고 자기를 존중하는 모습들은 무엇일까? 남에게 함부로 비하하는 말을 하지 않듯이 자신에게도 하지 않는다. 다른 친구의 좋은 점을 알듯이 나의 좋은 점도 인정할 줄 안다. 속상하고 힘든 친구의 감정을 공감하듯이 자신의 속상함을 인정하고 다독일 수 있다. 남에게 싫은 것을 강요하지 않듯이 자신이 싫으면 당당하게 "싫어"라고 할 줄 안다. 내 건강을 생각하고 나쁜 음식이나 폭식 등으로 몸을 망치는 일을 하지 않는다. 내 것을 나누어 주더라도 좋은 평가를 받으려 하는 행동이 아니라 스스로 하고 싶어서 하는 행동이어야 진정으로 나를 존중하는 것이다.

이런 자기 존중이 있는 아이는 당당하고 자신 있는 모습이라 남에게도 무척 매력 있다. 그래서 자석이 철을 끌어당기듯이 친구들을 끌어당긴다.

부모가 자녀의 자기 존중을 길러 주려면 아이들이 갈등 상황을 설명할 때 무 조건 먼저 자녀 편이 되어야 한다. 객관적으로 문제해결을 하려는 것보다는 자 녀의 감정에 우선적으로 공감해주는 것이 자기를 존중하는 첫걸음이다. 자신의 감정이 잘못되지 않았고 그런 감정을 이해하는 부모가 있다고 믿을 수 있어야 한다. 그래야 자기감정을 정확히 직시하면서 다른 사람과의 관계에서 감정을 생각할 여유가 생긴다. 내 편이 없다 느끼면 고집스러워지기 마련이다. 혹은 자 기 부인만 생길 것이다. 아이 감정의 편을 들어주고 문제를 해결해야 아이가 자 신을 소중히 여기면서 상대도 소중히 여기며 관계 맺는 방식을 고민할 수 있다.

· 역량 5 ·

리더십 마인드를 지닌다

친구 관계를 잘 만드는 아이는 남의 입장에서 보는 관점이 잘 발달되어 있 다. '만약에 내가 ○○라면?' 식의 생각으로 상황을 보려 한다. 이런 시각으로 둘둘의 관계에만 머물지 않고 그룹을 보면서 전체 흐름을 파악하려 한다. 여러 사람들의 욕구를 동시에 살피려 한다. 모두 만족시켜서 인기를 얻으려 하기보다는 여러 친구들과 함께하고자 한다. 이런 마음을 리더십으로 본다.

이러한 마음이 행동으로 나타날 때 '주도성'을 보인다. 전체를 위해 의견을 모으려고 하고 순서를 정하고 적절히 역할을 배분한다. 그룹 내 뒤처지는 친구들을 챙기기도 한다. 전체의 조화를 생각하며 하나가 되려는 모습도 있다.

주도성 못지않게 친구들에게 신뢰를 주는 것은 이들의 '책임감'이다. 귀찮은 것을 도맡고 꾀를 내어 대충 떠넘기지 않는다. 친구들이 싫어하는 아이들 중에는 리더 자리는 좋아하면서 이런 책임을 맡지 않는 아이가 있다. 아이들은 허세만 있고 남을 탓하거나 다른 아이에게 일을 미루거나 쉬운 일만 하는 리더에 대해서는 환멸을 느낀다.

리더 역할을 잘하는 친구들이 인기 있는 이유는 그들의 공감력 때문이다. 친구들이 함께하는 모습을 즐거워하지만 구성원의 불만족에도 반응하며 느낄 줄 안다. 공동의 목표를 세우고 추진하는 능력도 좋지만 같이 하는 친구들의 마음이나 욕구들을 살피려 한다. 그러한 모습에 부드러운 카리스마를 느낀다. 요즘에는 리더라고 자기 목소리를 너무 내세우는 친구는 어쩌다 리더를 해도 두 번 다시 친구들이 인정해주지는 않는다.

리더십이 있는 아이는 친구들의 의견을 조율하려 노력하지만 모든 구성원이 자신을 좋아할 수 없는 것도 이해한다. 그런 미움과 비난도 감수하려는 마음이 있어야 진정한 리더가 된다. 그래서 이런 모습에 스스로 리더가 되려 하지 않아도 친구들이 알아서 리더로 뽑아 준다.

그리고 리더에서 물러날 때 기꺼이 팔로우(follower)가 되어 리더를 도와주면서 그의 진정성은 더욱 발휘된다. 이런 멋짐을 가진 친구를 싫어할 친구가 어디 있을까?

자녀의 리더십을 길러 주려면 자녀의 타고난 자율성부터 인정하자. 모든 아이는 스스로 하려는 영역이 있고 이를 해결하면서 자신의 능력을 탐색한다. 자녀가 주도할 수 있는 영역이 있어야 한다. 공부에만 아이가 자율적이 되기를 바라지 말고 공부 외 영역에서 자녀가 그런 모습이 있는지 살피고 적절히 지지해 주자. 놀이든 게임이든 친구와의 사귐이든 자신이 알아서 하려는 모습에 찬물을 끼얹지 말고 개입하지 않는다. 아이가 스스로 할 수 있는 부분은 자꾸 자녀에게로 넘겨주어야 한다. 아이는 나이에 맞게 잘 발달해 가는데 여전히 부모가 해주는 부분은 똑같다면 자녀는 리더십은커녕 주도성 제로의 아이가 되고 말 것이다.

자녀의 사회성 회복을 돕기 위한
주요 특성들을 꼭 이해하자

개인에게 필요한 특성들

사람에 대한 욕구 그릇
대인동기

사회적 관계를 만들기 전부터 이미 우리 안에 대인관계에 영향을 주는 요인이 있다. 이 개인적인 특성 3가지는 바로 대인동기, 대인신념, 대인기술이다.

사람을 무지하게 좋아하고 끝도 없이 찾는 아이가 있는가 하면 혼자 있는 게 좋은 집돌이들도 있다. 이것은 대인동기의 차이 때문이다. 대인동기

(interpersonal motives)란 인간관계를 지향하게 하고 사회적 행동을 하게 만드는 동기적 요인을 말한다. 대인동기가 있어야 사람을 만나고 싶고, 만나려는 사회적 행동을 한다. 그래서 이를 '사회적 행동의 원동력'이라 한다. 대인동기에는 친애동기, 의존동기, 지배동기, 공격동기, 성적 동기 등이 있다.

대인동기가 높은 아이는 소속감이나 사회적 책임, 이타성 등에 관심이 높다. 이 아이들은 친구들과 어울리고 싶어 다가가고 친밀한 관계를 맺는 인간접근적 성향(trend toward people)을 보인다. 반면 대인동기가 낮은 아이는 사람을 회피하고 관계를 맺는 것이 불편하고 잘 안 되는 인간회피적 성향(trend away from people)이다. 이들은 혼자인 상태를 편히 여기고 다른 친구와 가까이 지내면서 생기는 부담이나 갈등을 두려워한다.

대인동기가 매우 낮은 아이들 중 유의미하게 살펴봐야 할 아이들로 자폐 범주성 아이들이 있다. 자폐 범주성 아이는 일반 아동과 다른 특수 아동으로 이들이 지닌 강박적인 패턴을 이해하고 인정해주어야 한다.

사람에 대한 신뢰
대인신념

사람은 사람을 어떻게 보고 있을까? 사람에 대한 관점이나 생각에 따라 관계를 생각하는 방식은 달라진다. 대인신념에는 사람에 대한 신념과 자기신념이 있다. 사람을 근본적으로 선하게 보거나 악하게 보는 건 '타인개념'에 속한다. 자기신념은 다른 말로 자기개념(self-concept)이다. 흔히 말하는 자존감도 '자기개념'이다. 나를 보는 시각과 남을 보는 시각에 따라 4가지 모습이 있다.

자기 부정-타인 부정(I'm not O.K., You're not O.K.)의 아이는 자존감이 낮은데 다른 친구들도 공격적으로 인식한다. 자기를 해할 친구들로 느껴 불편하다. 자신은 아이들에게 제대로 대응하지 못해 무기력한 사람으로 지각한다. 은둔형들의 대표적인 모습이다.

자기 긍정-타인 부정(I'm O.K., You're not O.K.)의 아이는 자신에 대해 자신 있어 하면서 타인은 불신과 적개심을 지닌다. 호불호가 분명한 아이들 중에는 이런 모습이 많다. 자기가 좋아하는 친구들에게는 살갑게 맞추고 전혀 갈등이 없다. 오히려 지나치게 잘한다. 그런데 좋아하는 친구들의 수는 그리 많지 않다. 반면 자기가 싫어하는 친구에게 적대감을 쉽게 표현하고 걸핏하면 싸우거나 지는 것도 못 참는다. 대인관계 문제가 생기면 남 탓이 많다.

자기 부정-타인 긍정(I'm not O.K., You're O.K.)의 아이는 자기는 못나게 보는 반면 친구들은 자기보다 훨씬 낫다고 본다. 자책을 많이 하고 남에게는 호의적이고 관대하다. 자기개념에서 낮은 자존감을 보이는 반면 타인개념은 우수하고 유능한 존재로 보기에 타인에 의존한다. 그래서 친구들의 평가와 수용을 중요하게 여긴다. 자기 의견이나 생각은 틀렸을지 모른다고 생각해 표현하기도 전에 겁먹고, 거부될까 봐 잘 드러내지 않으려 한다.

가장 이상적인 모습은 자기 긍정-타인 긍정(I'm O.K., You're O.K.)의 아이들이다. 자신을 바라보는 건강한 태도로 남도 바라본다. 건강한 태도란 존중하는 태도다. 자신을 함부로 여기거나 오만하지도 않고 자신을 사랑하는 긍정적인 태도를 가진다. 다른 사람들도 자신에게 호의적인 태도로 행동할 것을 기대한다. 대인관계에서 자신감도 있고 타인과의 관계에서 주도성을 보이며 확신 있게 행동할 수 있다.

사람을 사귀는 구체적인 기술들
대인기술

대인기술은 다른 사람과 관계를 맺는 데 필요한 사회적 기술을 말한다. 이 능력이 뛰어날 때 '사교성이 좋다'라는 말을 쓴다. 자신의 욕구, 권리뿐만 아니라 타인의 욕구나 권리 등을 존중하며 교류하는 모습들이다. 이 사회적 기술은 학습으로 습득되기에 배워야 한다. 동시에 다양한 타인들의 반응이나 상황에 따라 달라져야 한다. 하나의 답으로 제시하기 어려우므로 사회적 기술들을 여러 사람들과 상황들을 경험해 습득해야만 한다. 대인기술은 언어적, 비언어적 대인기술로 나뉜다. 비언어적 대인기술의 기본은 눈치(quick wit)다. 사회적 눈치는 직접 노는 경험을 통해서만 습득된다. 놀이 욕구가 있는 아이들이라면 더욱 놀이 경험으로 사람과 교류하는 즐거움을 느낄 기회를 꾸준히 갖는다. 그 속에서 사회적 눈치의 중요성, 필요성을 몸소 체험하게 한다.

관계 형성에서 필요한 특성들

오감을 통해 타인을 판단하다
대인지각

관계를 맺는 데 개인이 지닌 성격특성들로 '대인동기', '대인신념', '대인기술'이 있다. 이 3가지는 사람들과 관계를 맺기 전에 이미 개인이 갖춘 특성이다.

그렇다면 다른 사람과 실제로 만나면서 개인 안에서 일어나는 일들에는 무엇이 있을까? 사람과 만날 때 제일 먼저 우리는 상대에 대한 첫인상을 만들게 된다. 이것은 타인에 대한 초보적 인식과정이며 사람에 대한 인식활동으로 '대인지각'이라 부른다.

다른 사람에 대한 인상을 결정하는 요인에는 무엇이 있을까? 바로 그 사람의 겉모습이다. 서로의 말과 행동, 표정 등 외형을 통해 그 사람의 인상이 정해진다. 얼굴 생김새, 옷차림새, 비언어적인 행동단서 등이 인상을 만든다. 선입견과 고정관념은 이 대인지각을 바탕으로 나타난 성급한 생각들 때문에 생긴다.

관계 속 나-타인-상황에 대한 생각들
대인사고

관계가 시작되면서 빠르게 우리 내면에서 일어나는 일 중 하나는 대인사고다. 대인사고는 다른 사람과 생긴 사건이나 상대, 또는 자신에 대한 자동적 사고(automatic thought)다. 너무 빠르게 처리되어 알아차리기가 쉽지 않다. 그래도 우리가 주의를 기울여서 타인과의 관계에서 즉각 떠오르는 생각이 무엇인지 질문해보면 대인사고의 문제점을 볼 수 있다.

예를 들어, 친구가 빌린 물건을 빨리 돌려주지 않을 때 기분이 나쁘고 화가 나 친구와 한판 붙어야겠다고 생각하는 아이가 있다고 해보자. 이 사건의 상황, 이 상황을 보는 생각, 이에 대한 평가 과정을 통해 그 사람에 대한 감정이 일어난다.

대인사고의 과정을 더 전문적으로 분석해보면 다음과 같다.

| 친구가 물건을 빌려가서 주지 않는다. | 친구가 나를 만만하게 보는구나. | 내가 그런 존재밖에 되지 않다니…. | 매우 화가 남. |
| 대인관계 상황 | 의미추론 과정 | 의미평가 과정 | 대인감정 |

같은 상황의 의미추론을 다르게 하면 어떻게 될까? 다음의 분석을 보자.

| 친구가 물건을 빌려가서 주지 않는다. | 친구에게 그럴 만한 상황이 있겠지. | 전에도 그런 일이 있었으니깐. | 거의 불쾌하지 않음. |
| 대인관계 상황 | 의미추론 과정 | 의미평가 과정 | 대인감정 |

각 상황에서 다양한 의미추론이 나올 수 있다. 그 상황에서 즉각 떠오르는 생각을 떠올려 보자. '친구가 물건을 빨리 갖다 주지 않는다'의 의미추론으로 '내 물건을 잃어버렸나?' '내 물건을 함부로 하는군' '내가 언제 받을지 모르겠다' '걔가 바빠서 그런가 보네' 등의 생각이 떠오른다. 이에 따른 평가로 감정이 나타난다. 우리 기분이 나쁜 것은 '스쳐 가는 생각에 어떤 의미를 평가하느냐'로 결정된다. 이러한 과정이 대인사고 과정이다.

사람마다 의미추론 과정도 다르지만 그에 대한 평가도 제각각이라 다른 사람이 내 맘처럼 반응하지 않을 수 있다. 생각과 평가가 다 달라서 느끼는 감정도, 행동도 다르다. 즉 '같은 상황에서도 해석하는 방식이 다 다르다'는 것을 가르쳐 주어야 한다.

사람마다 대인사고가 다르다는 걸 이해하는 것과 왜곡된 사고는 다르다. 왜곡된 대인사고는 심각한 관계 문제를 일으킨다. 사람은 자신의 상황을 객관적으로 판단하기 힘들어 주관적인 판단으로 자기를 보호하고 싶어 한다. 그래서 다른 사람과 관계 맺으며 친구의 의도나 사건의 의미를 왜곡하는 '인지적 오류'(cognitive error)가 일어난다.

인지적 오류에는 '모 아니면 도' 식의 흑백논리, 근거 없이 다른 사람의 마음을 단정하는 독심술적 사고, 자신의 느낌을 맹신하며 결론내리는 감정적 추리 등이 있다. 사춘기 아이의 친구 문제에는 대인사고의 오류 중 개인화(personalization) 양상이 자주 보인다. 자신과 무관한 일인데 자신과 관련되었다고 잘못 해석하는 것이다. 예를 들어, 친구들은 재미난 사건을 가지고 흥에 겨워 웃는 것인데, 그것을 보고 자기를 비웃는 것이라고 단정하고 화를 내는 식이다.

이러한 의미추론(그 상황을 어떻게 생각하는지─상대방의 행동은 무슨 의미이지? 등)이 있은 후에 의미평가(그 생각을 어떻게 평가하는지)가 따라온다. 사람들 간의 사건을 '좋다─나쁘다'라고 판단하는 과정이다. 평가에 따라 대인감정과 대인행동이 결정된다. 따라서 대인사고의 의미추론과 의미평가가 바르게 되고 있는지를 점검해야 한다.

상황	의미 추론	의미 평가	대인감정
친구가 물건을 돌려주지 않음	1. 친구가 나를 만만하게 본다.	1-1. 어떻게 나에게…	◑ 화
		1-2. 나는 그럴 만해.	◑ 자괴감
	2. 그럴만한 사정이 있겠지.	2-1. 그럴 수 있지.	◑ 평온
		2-2. 뜻밖이야.	◑ 걱정

관계에서 발생하는 다양한 감정들
대인감정

대인관계의 모습은 서로의 감정과 행동을 주고받는 모습이다. 실제로 체험하고 드러내는 부분이다. 대인감정이 만족스러울수록 대인관계가 더욱 발전해 갈 수 있다. 사회성이 좋다는 개념에는 사람들 간의 대인감정을 이해하고 표현하는 능력이 좋다는 말이다.

대인감정은 앞서 언급한 '대인사고'로 인해 생기는 감정이다. 친구가 내 물건을 돌려주지 않는 사실에 '자기만 무시하나' 혹은 '내 물건을 함부로 하는구나' 같은 생각으로 자괴감이나 분노 같은 감정이 생긴다.

모든 대인관계에서 정서반응을 일으키지는 않는다. 어떤 사람과의 관계는 아무 느낌도 없이 지나가지만 어떤 사람과는 상당히 민감하게 반응한다. 이는 그 상황이 자신의 목표 추구와 얼마나 관련이 있느냐와 상관있다. 그 친구랑 같이 놀고 싶은데 자신을 끼워 주거나 혹은 끼워 주지 않을 때면 긍정이든 부정이든 강한 정서반응이 생길 수밖에 없다. 하지만 자신이 관심 없는 친구와 노는 것에는 정서반응이 별로 혹은 전혀 없을 수 있다.

인간관계가 힘든 것은 대인관계에서 다양한 감정들이 생겨나기 때문이다. 그런 감정을 통해 행복과 불행을 느낀다. 그런 감정을 느끼는 건 공통적이어도 표현방식은 저마다 다르다. 쉽게, 과장되게 드러내는 외현형이 있고, 반대로 축소해서 표현하는 내면형이 있다.

사람들과의 관계에서 생기는 감정은 긍정 감정과 부정 감성으로 나뉜다. 아이들이 처음 친구들을 찾을 때는 그냥 좋아서다. 그 사람과 사귀면서 느끼는 감정에서 즐거움을 경험한다. 재미나고 신난다. 그러다가 친구들과 싸우거나 뜻대로 되지 않으면 속상해 울게 된다. 긍정 감정은 아이의 마음을 기쁘게 하는 감정들로 행복, 기쁨, 사랑, 희망 등이다. 부정 감정은 마음을 힘들게 하는 감정들로 슬픔, 화, 불안, 무서움, 우울 등이다. 사람은 이런 감정들을 자연스럽게 느끼고 표현할 수 있어야 한다. 특히 자녀는 가정에서 어떤 감정을 표현해도 괜찮다는 안전함을 느껴야 한다.

관계에서 보이는 행동들
대인행동

관계에서 겉으로 드러나는 행동을 대인행동이라 한다. 대인행동은 몇몇으로 나눌 수 있다. 자의냐 타의냐로 구분해 자발적으로 행동해서 타인의 반응을 이끌기도 하고 반응적으로 타인의 행동에 따르기도 한다. 대인행동은 언어적, 비언어적 행동을 모두 포함한다.

또는 대인행동을 '지배-순종'의 축과 '적대-우호'의 축으로 나누어 볼 수 있다. 타인의 행동을 자신의 뜻대로 하려 하는 지배성이 높은 이들이 있다. 이들 중 다른 사람에 대해 우호적이지 않은 경우(지배-적대) 친구에게 적대적이거나, 차갑거나, 불신하며 경쟁적인 모습이기 쉽다. 친구를 통제하려는 욕구가 높으면서 우호적이라면(지배-우호) 사교적이며, 자신 있는 모습을 보인다.

다른 사람을 통제하는 데 관심이 없고 맞춰 주는 유형(순종)도 있다. 이들 중 다른 사람에 대해 적대적이면(순종-적대) 친구에게 무관심하거나 자신을 억제하며 자신 없어 한다. 하지만 순종적이면서도 친구에 대해 우호적이라면(순종-

우호) 따뜻하며 신뢰하고 양보하는 행동을 보여 관계가 무난한 경우가 많다.

대인행동을 표현 방식으로 나누기도 한다. 사람들은 대인행동으로 상대방의 의도와 감정을 이해한다. 행동으로 표현되지 않으면 의도나 감정을 서로 주고 받을 수 없다. 성향상 소극적인 대인행동을 하는 아이가 있고 적극적인 행동을 하는 아이가 있다. 어떤 유형이든 사회적 눈치를 볼 줄 알아야 한다. 사회적 눈치 없이 행동만 적극적이면 뻔뻔한 사람이 된다. 또 너무 사회적 눈치를 보면서 소극적으로 행동하면 비굴한 사람으로 비춰진다.

또한 대인행동이 적시에 잘 나오는 아이도 있고 뒷북치듯 나중에 깨닫고 후회하는 아이도 있다. 행동을 발 빠르게 하는 즉시적 대인행동과 마음에 한참 담아 두다가 서서히 표출하는 대인행동이 있다. 전자는 억울함은 없는데 충동성이 늘 문제고 후자는 신중해서 갈등은 줄지만 때늦은 후회가 문제다. 이는 적시에 적절하게 대인행동을 하는 방법을 배워야 하는 이유다.

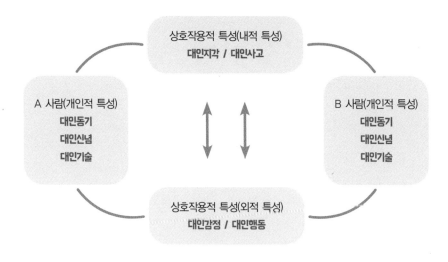

내 자녀의 사회성 알기

내 자녀가 사회성과 관련된 주요 특성들을 잘 갖추고 있는지 다음 질문을 통해 점검해보세요. 부족한 부분들이 있거나 취약한 면들이 있다면 다음 장에서 좀 더 구체적으로 돕는 방법들을 찾아보아요.

1. 내 자녀는 대인동기가 높은 아이인가요 낮은 아이인가요?

2. 내 자녀는 대인신념의 4가지 유형 중 어떤 모습인가요? 부모는 어떤 유형인가요?
   자기 부정-타인 부정(I'm not O.K., You're not O.K.)
   자기 긍정-타인 부정(I'm O.K., You're not O.K.)
   자기 부정-타인 긍정(I'm not O.K., You're O.K.)
   자기 긍정-타인 긍정(I'm O.K., You're O.K.)

3. 내 자녀는 사회적 눈치가 있는 편인가요?

4. 내 자녀는 친구들과의 신체적인 접촉에 대해 적절하게 반응할 줄 아나요?

5. 내 자녀의 기타 비언어적 기술들은 어떠한가요? (눈 맞춤, 표정, 외모 치장, 공간접근…)

6. 내 자녀는 언어적 의사소통에서 이야기하기를 즐기나요? 듣기를 즐기나요?

7. 내 자녀는 언어적 의사소통에서 부족한 부분은 무엇인가요? (설명하기, 주장하기, 자기 공개하기, 유머하기, 경청하기, 공감하기…)

8. 내 자녀의 부족한 대인기술을 향상시키기 위해 부모는 어떤 대안이 있나요?

9. 내 자녀는 남들에게 어떤 첫인상을 주나요?

10. 내 자녀는 옷차림새를 신경 써주는 부모를 원하나요? 아니면 혼자서 꾸미려 하나요?

11. 내 자녀는 다른 사람 앞에서 어떤 표정과 행동을 주로 보이나요?

12. 내 자녀는 부모나 주변인의 행동 단서를 잘 이해하고 있나요?

13. 내 자녀는 대인사고에서 어떤 인지적 오류를 보이나요?

14. 내 자녀는 대인사고의 과정 중 의미평가를 어떻게 내리고 있는가요?

15. 내 자녀는 대인감정의 표현이 외현형인가요? 내면형인가요?

16. 내 자녀의 감정 표현에 부모는 어떻게 대응해주나요?

17. 내 자녀는 긍정감정, 부정감정을 표현하는 데 어려움이 없는가요?

18. 내 자녀는 자발적 대인행동이 많은가요? 아니면 반응적 대인행동이 많은가요?

19. 내 자녀는 '지배-순종'과 '적대-우호'의 4가지 쌍 중 어떤 모습인가요? (지배-우호 / 지배-적대 / 순종-적대 / 순종-우호)

20. 내 자녀는 적극적인 대인행동을 하나요? 아니면 소극적인 대인행동을 하나요?

21. 내 자녀는 즉각적 대인행동을 많이 보이나요? 아니면 유보적 대인행동을 보이나요?

아이의 사회성 문제,
어떻게 도와야 할까?

- Q&A -

5

친구를 대하는
내 아이의 태도는
어떠한가요?

-개인에게 필요한 특성들-

친구랑 놀고 싶어 하나요?

대인동기

친구랑 놀겠다는 말을 입에 달고 살아요. 친구와 노는 것에만 빠져서 공부처럼 자기 할 일을 안 하는 데 언제까지 놀려야 하나요?

친구랑 노는 게 너무 좋아

- 대인동기가 높은 아이들 -

부모도 잘 노는 아이가 걱정되는 건 아니다. 단지 생활이 한쪽으로만 치우치는 거 같아 우려된다. 초등학교에 가면 노는 것만큼 학업 능력을 키워 가는 것도 중요한 발달 과제다. 그런데 친구랑 놀려고만 하고 자기

생활을 책임지려 하지 않는다면 부모는 슬슬 고민된다.

아이들 중에는 유달리 친구를 많이 좋아하는 아이들이 있다. 방과 후 놀이터에서 친구랑 꼭 놀고 와야 직성이 풀리는 아이들이다. 사람들을 별로 가리지도 않고 놀이터의 누구든 친구로 만드는 재간이 있다. 사람을 만나면 힘이 나고 에너지를 받는다. 친구를 찾고 놀기를 좋아하고 잘 논다. 이런 아이는 기본적으로 사람에 대한 신뢰도 좋고 다른 사람이 주는 원동력을 느끼는 대인동기가 좋은 편이다.

대인동기가 높은 아이들은 놀이 경험을 그만큼 많이 요구한다. 어린 시기부터 노는 경험이 충분하지 않은 경우 다른 아이들보다 놀이에 대한 굶주림을 강하게 표한다. 또한 이들은 어릴 적에 원하는 만큼 놀지 못하면 불충분한 욕구 때문에 자기 단계의 과업을 충실하게 하지 않기도 한다. 일차적인 관심이 친구라서 이 욕구가 채워져야 내 일을 할 마음이 든다. 그래서 학교에 들어가면 물 만난 고기마냥 친구들과 지내는 시간이 즐겁기만 하다. 그 모습이 지나쳐 공부에 집중을 못할 때도 있다. 만약 자녀가 공부에 집중을 못한다면 혹시 대인동기가 높은데 유아기 놀이 경험이 부족해서는 아닌지 점검해보자.

부모가 알아야 할 점

그런데 부모가 보기에 충분히 놀았다고 생각되는데도 멈춰지지 않다면 어떨까? 이 경우에는 몇 가지를 생각해봐야 한다. 먼저 부모와 자녀의 관점 차이가 있을 수 있다. 부모는 이만큼을 충분하다고 여기는데 자녀는 불충분하다고 느낄 수 있다. 특히 부모가 계획적인 편이고 자신의 프로그램으로 자녀를 키우려

한다면 자녀가 요구하는 5분, 10분도 매우 길게 느낀다. 그래서 항상 부모가 먼저 그만하라고 한다. 아이는 늘 부족하게 끝나 놀이에 미련이 많다.

두 번째로 내 자녀는 얼마큼 놀아야 만족하는지 제대로 이해해야 한다. 대인동기 수준은 아이마다 달라 만족하는 정도도 다를 수밖에 없다. 만약 아이의 대인동기가 크다면 굉장히 많은 양의 대인 경험을 기대할 것이다. 그렇다면 어릴 때부터 여러 사람들과 다양한 관계를 맺도록 해주어야 한다. 남보다 더 많이 먹어야 하는 아이가 있듯 다른 아이보다 더 많이 놀아야만 하는 아이도 있다.

부모가 하지 말아야 할 점

부모가 하지 말아야 할 태도 중 하나는 '놀았으니 아이가 공부도 알아서 열심히 하겠지'라는 생각이다. 물론 충분히 잘 논 아이가 공부도 알아서 할 수 있다. 하지만 그 순간이 바로 지금은 아닐 수 있다. 부모가 가장 갈등을 하는 순간은 놀 땐 놀더라도 자기 할 일 특히 학업만큼은 게을리하지 않았으면 좋겠는데 놀기만 하고 공부엔 게으른 자녀의 모습을 볼 때다. 부모는 '놀았으니 공부를 열심히 하겠지'라는 생각을 해서 놀 때 신나던 아이가 공부에는 억지로 끌려온 모습이면 쉽게 화가 난다. 심한 경우 배은망덕하다고 여기기도 한다.

허나 이는 부모의 잘못된 생각이다. '놀았으니 공부를 열심히 하겠지'라는 생각 자체를 버리자. 놀이는 놀이이고, 공부는 공부다. 놀았다고 공부할 거라는 기대보다는 '놀았으니까 공부를 좀 더 참을 수 있겠구나' 정도로 생각하자. 노느라 자기 할 일을 잊는 게 아니라 원래 자기 할 일을 하기 싫어서 잊은 거다. 공부는 노는 것만큼 재미있지 않다. 따라서 윽박지르면서 공부하지 않는다고 화를 내기보다는 어쩔 수 없이 공부하는 아이의 마음을 이해하며 다독여서 참여하게끔 해야 할 것이다.

 유치원부터 학교 입학 후에도 도무지 친구를 찾지 않고 별로 관심이 없네요. 집에만 있으려는 아들이 걱정입니다. 너무 외롭지 않을까요?

차라리 혼자 놀이가 편해
- 대인동기가 낮은 아이들 -

아이가 친구와 놀기보다는 자꾸 엄마하고 집에서 지내려 한다. 학교에서 친구랑 노는 걸 못하지는 않지만 굳이 친구를 집에 부르거나 찾지 않는다. 어쩌다 친구가 놀자고 해도 집에 있겠다고 한다. 친구와 함께 놀기도 하는데 오래 가지 못하고 어느새 재미없다며 혼자 노는 경우도 있다. 친구들을 귀찮게 여기고 장난 거는 아이들이 제일 싫다고 말한다.

이런 아이들은 대인동기가 낮아 친밀한 관계가 부담되고 혼자가 편하다. 친구와 가까이 지내다 갈등이 있는 게 불편해 적당히 거리를 두고 혼자만의 영역을 즐긴다. 잘 살피면 부모 중 한 명이 이런 모습일 가능성이 높다. 선천적으로 대인동기는 부모를 닮은 경우가 많다.

혹은 후천적으로 발달 초기에 부모와 친밀한 관계를 충분히 경험하지 못하면 사람이 불편해지면서 대인동기의 그릇이 작아지기도 한다. 영아기에 초기 양육자와의 안정적인 친밀감을 애착(attachment)라고 부른다. 애착이 안정적으로 되면 사람에 대한 신뢰감이 만들어진다. 반대로 애착이 불안정한 아이들은 세상에 대한 불신이 있다. 따라서 엄마와 불안정한 애착으로 사람에 대한 신뢰가 적다면 외부 친구가 편할 리 없다. 아이의 일차 신뢰대상은 첫 양육자이다. 주로 엄마가 된다.

초기 애착이 부족한 아이들은 외부 탐색의 길에서 쉽게 돌아와 엄마에게 재결합하려고 한다. 엄마와 더 붙어 지내려 한다. 친구들보다 엄마랑 집에서 자기 놀이를 하거나 엄마랑 뭔가 하기를 더 원한다. 한마디로 엄마의 껌딱지가 된다.

이때 엄마가 얼마나 충분히 아이가 편한 만큼 붙어 있어 주느냐가 관건이다. 친구와 놀지 않는다고 화내거나 자꾸 엄마랑 떼어 놓으려 아이를 꾸짖거나 강압적으로 떨어뜨리면 아이는 더 붙는 모습을 보인다. 사람은 하지 말라고 하면 더 하고 싶은 욕구가 생기고 충족되지 못한 갈망은 말린다고 해소되는 게 아니다. 단지 억압하고 있을 뿐이다.

부모가 알아야 할 점

우선 아이의 선천적인 대인동기 그릇이 작음을 이해해주자. 아이는 부모만큼 친구랑 놀지 못해 괴롭거나 외롭지 않을 수 있다. 그냥 아이가 친구들과 어울리고 싶은 정도를 물 흐르듯 따라가 주면 된다. 부모가 느끼는 외로움이나 조바심이 아이를 더 힘들게 한다.

만약 초기 애착 문제가 의심된다면 대인동기를 높이기 위해 일차적인 관계인 '아이와 엄마의 놀이시간'을 늘린다. 친구랑 노는 것 대신 우선 부모와의 놀이 양이 필요하다. 부모랑 놀면서 사람들이랑 노는 게 안전하고 재미있다는 걸 경험해야 한다. 부모가 놀아 줄 때는 아이가 원하는 놀이를 하면 된다. 놀이를 스스로 선택하기 힘들어 하거나 너무 자주 바뀐다면 부모가 놀이를 제공해 같이 놀도록 유도해야 한다. 어릴수록 공, 놀이터 등 신체놀이를 좋아하고 유치원부터는 체스, 장기, 바둑 같은 보드게임을 좋아한다.

부모와 놀면서 동시에 또래랑 함께하는 활동을 병행한다. 친구의 가장 큰 의미는 '놀이친구(play mate)'이다. 재미있게 놀 수 있는 대상이면 누구든 친구가 된다. 어릴수록 아이가 좋아하는 활동을 함께할 수 있는 친구를 집으로 초대해 준다. 대인동기가 낮은 아이들일수록 남의 집으로 가려는 마음이 잘 생기지 않는다. 따라서 안전한 아이의 반경 안으로 친구를 초대해서 노는 즐거움을 먼저 시도한다. 부모에게는 성가신 일일 수도 있다. 하지만 아이의 대인동기를 높여 사람에 대한 호기심을 끌어올리려면 부모의 이런 노력이 절대적으로 필요하다. 특히 후천적으로 대인동기가 낮아진 아이라고 판단된다면 부모와 놀면서 함께 친구와의 시간을 만들어 주려는 노력이 더 절실하다.

부모가 하지 말아야 할 점

이때 아이들이 크게 내키지 않을 수 있다. 여전히 친구와 놀다가 혼자 떨어져 나가거나 자기 장난감이나 게임으로 빠져들어 친구와 상호작용하지 않을 수도 있다. 이럴 때 '아이가 마음 편하게 혼자 놀게 하는 게 낫겠다'며 너무 쉽게 포기하고 그냥 집에서 부모가 데리고 있지 말아야 한다. 별로 접촉 없이 친구랑 있는 것 같아도 다른 친구들이랑 어울리면서 그들이 하는 놀이를 관찰하는 것 자체가 의미가 있다. 아예 접하지 않고 본 적도 없는 아이들보다 낫다는 말이다. 왜냐면 사회적 능력은 직접 학습만이 아니라 다른 사람의 행동을 대리 학습하거나 관찰로 간접 습득하는 경우도 많기 때문이다.

사회적 관심에 문제가 있다고 의심된다면 때가 되면 알아서 잘 배우겠지 하며 안이하게 생각하지 말고 부모가 적극적으로 조기 개입해주자. 어릴수록 변화와 회복도 좋다. 아이가 어릴수록 더욱 부모의 관심과 노력, 친구들에게 노출된 정도에 따라 충분히 변화 가능하다.

친구들과 함께 어울려 놀기가 어렵네요. 관심사도 틀리고 행동도 부적절할 때가 많아요. 자기만의 세계가 있어요.

혼자 놀이가 좋아
- 대인동기가 거의 없어 보이는 아이들 -

사람에 대한 관심이 없고 교류가 어색하고 특정 사물에 대한 집착이나 상호작용의 질적 차이가 있는 아이들은 자폐적인 성향이 있다고 말한다. 자폐 특성은 아주 어릴 때부터 알 수 있다. 영아기에도 사람보다 물건에 관심을 보이고, 사람보다 자신이 좋아하는 사진이나 그림에 더 반응을 보인다. 자기가 좋아하는 활동으로는 길게 나열하는 활동을 좋아하고 점차 기차나 지하철로 바뀌는 모습이다. 자폐적 성향의 아이들이 왜 이런 나열과 기차를 좋아하는지는 계속 연구 중이다. 이외에도 특정 영역에서 탁월한 기억력과 탐구능력을 보인다. 자신이 좋아하는 역 이름과 관련 정보, 자동차나 다른 나라 지도 등에 관심이 많다. 최근 IT가 발달하면서 내비게이션 기기의 지도에 지나친 탐색을 보이기도 한다.

이 아이들이 이런 모습을 보이는 것이 유전적이거나 신경학적 문제에 의해서이기도 하고 혹은 초기 부모에게 안정적인 양육과 보살핌을 받지 못하면서 사람에 대한 신뢰를 쌓지 못해서인 경우도 있다. 초기 불안정한 애착으로 자폐 문제까지 이어지는 아동을 '반응성 애착장애' 아동이라 부른다. 이들의 모습은 어릴수록 그냥 자폐와 비슷하다. 그래서 '소아유사 자폐'라는 명칭으로도 불렸다. 하지만 반응성 애착장애는 조기에 치료해 부모-자녀의 관계를 회복하면 정상적인 성장까지도 발전할 가능성이 있다. 그만큼 조기 발견과 치료 개입이 굉장히 중요한 대상이다. 이에 비해 일반적인 자폐 범주성 아동은 어릴 적 특성을 어른까지 유지하고 대인동기의 변화가 별로 없다.

부모가 알아야 할 점

최근 연구에 의하면 학업에는 좋은 능력을 보이는 반면 사회성은 매우 떨어지는 아이들이 늘면서 '아스퍼거' 증후군에 대한 관심도 늘고 있다. 이들은 특정 영역에서 천재성을 보이면서 사회적 관계 능력에는 매우 취약하다. 아스퍼거 증후군의 아이들은 자폐 범주성 아이들에 비해 또래 욕구는 있는데 주로 자기가 중심 되어 원하는 방향대로 하려 해 또래 갈등을 자주 겪는다. 이들은 커서 혼자만의 영역에서 좋은 수행을 보이면서 같은 분야의 사람들과 관계를 맺으면서 사회에 적응하기도 한다.

자폐 아이들은 자기만의 집착 영역이 있다. 이러한 영역은 주로 사람과는 관계없고 이 영역을 바꾸는 것도 쉽지 않다. 상담실에서 만나는, 자폐 특성의 자녀를 둔 부모들 중 자녀의 자연스럽지 않은 패턴이나 행동들을 바꾸려고 무지 애를 쓰는 분들이 있다. 하지만 이런 노력은 오히려 자녀와의 관계만 더 나쁘게 만들 뿐이다.

자폐적 특성의 아이들은 대인동기가 무척 낮다. 그렇다고 이 아이들을 영원히 자기 영역에만 있게 해야 하나? 관계 욕구는 많지 않지만 그들에게도 그들만의 소통 창구가 있다. 자폐적 특성을 가진 아이들이 먼저 외부와 소통해나가기를 기대하기보다 그들의 소통방식을 이해하고 맞추는 사람들과 교류하는 것이 필요하다. 특정 행위에 집착하는 걸 자기 색깔로 인정해주고 그 영역에 같이 관심 보이는 사람을 만나는 것이 좋다. 부모가 먼저 그런 사람이 되어 주자. 아이들이 반복하는 특이한 대상이나 영역에 부모가 관심을 갖고 그들의 이야기를 들어 준다. 그들이 보는 창으로 부모도 함께 보려고 노력한다.

이 아이들의 대인동기를 키우기 위해 가능하다면 같은 관심을 보이는 친구를 만나는 것이 좋다. 자폐적 성향인 아이들이 공동 주의나 공감은 쉽지 않아도 자기 것을 같이 즐기는 대상과는 그나마 인지적인 소통을 보인다. 이들의 관심이 평범하지 않아 그런 친구를 만나기가 쉽지는 않다. 그래도 이들도 어릴 때는 혼자 놀이만 좋아하다가 나이가 들수록 자기 영역을 함께 나눌 친구가 없어 외로워하는 경우도 있다. 따라서 자폐 범주의 아이들에게도 또래 아이들의 놀이나 관심사를 배우는 훈련이 필요하다. 이들에게는 꽤 유쾌하지 않고 힘든 과업이다. 다른 친구들의 모습을 관찰하기부터 시작해 1–2명의 친구와 함께 노는 경험을 연습시킨다. 사회적 관심에 대한 자극을 꾸준히 주어 인지적으로라도 예측해 행동하게끔 돕는다.

부모가 하지 말아야 할 점

자폐 범주의 아이로 판단된다면 친구를 찾을 때까지 기다리는 것은 답이 아니다. 아이가 자연스럽게 놀이 욕구를 표현하지 않으니 부모라도 놀이 경험을 시도하는 걸 게을리해서는 안 된다. 이런 아이들일수록 친구 만나기를 싫어하므로 더욱 조심스럽고 어려울 수밖에 없다. 관심도 없는 아이를 친구랑 놀게 하는 것이 힘겨워 포기하고 싶은 마음이 수없이 올라올 것이다. 그래도 멈추지 말아야 한다. 그나마 꾸준히 연습하면 조금씩 개선될 가능성이 있다. 더욱이 어릴수록 친구와의 놀이에 신경을 써야 한다.

타인과 감정을 주고받는 데 한계가 많은 아이들일수록 노는 행동으로만 배울 수 있다고 생각해서는 안 된다. 이보다는 인지적인 접근으로 '마음 읽기'를 연습해서 다른 사람의 마음이나 행동을 학습해 가도록 돕는 게 오히려 낫다. 놀이를 통한 즐거움을 기대하지 말고 상황에 대한 예측 능력과 행동을 준비시키는 것이 좋다.

친구를 어려워하나요?

대인신념

친구에게 우물거리며 제대로 반응도 못해 당하기만 해서 속 터져요.
친구가 좀 큰 목소리로 말하면 지나치게 무서워해서 쩔쩔매요.

나도 남도 믿을 만하지 않아

- 대인신념이 낮은 아이들 -

자신을 좋아해주기를 바라는 마음은 모두에게 있다. 그래서 상대가 화
를 내거나 기분 나빠하면 나를 싫어하나 싶어 움츠러들게 된다. 그런
데 이를 더 극단적으로 생각해서 자기를 미워해서 거부한다고 단정 짓고 화내

는 사람들이 있다. 이들은 사람에 대해 두려운 대상으로 지각해 판단해버린다.

동시에 자신에 대해서도 자신 없어하고 무엇을 하든 인정받기 힘들다고 여긴다. 타인에 대한 개념도, 자기 개념도 모두 부정적이다. 이들은 대인신념에서 자기 부정-타인 부정(I'm not O.K., You're not O.K.) 유형으로 자신을 무능력한 자로 여기며 친구에게 억울함을 당하고 잘 대처하지 못해 무기력에 빠지기 쉽다.

부모가 알아야 할 점

다른 사람에 대한 부정적인 개념이 친구와 갈등을 해서 생긴 것만은 아니다. 이 부정적인 시각은 부모와 상호작용을 하며 배운 부모의 인간관에서 비롯될 가능성이 높다. 부모가 사람을 어떻게 바라보고 있느냐가 자녀에게 전해졌을 가능성이 더 높은 것이다. 또한 부모에게 학대를 받은 아이들은 사람이 어려울 뿐만 아니라 두렵기까지 할 수 있다. 학대는 신체적인 학대, 언어적인 학대, 정서적인 학대, 방임 등을 포함된다. 외형적으로 드러나지 않아도 정신적인 상처를 입히고 사람을 불신하게 만든다.

부모가 주는 정신적인 학대로는 자녀가 원하는 것이 적절하게 충족되지 않은 모든 경험이 해당된다. 자녀의 욕구를 완벽하게 채울 수는 없겠지만 자녀가 심리적인 힘을 지닐 만큼은 되어야 한다. 부모의 무관심이나 과잉보호, 과소충족 모두 원인이 된다. 그렇다고 일괄적으로 모든 아이들에게 적용하는 수준이 있는 것은 아니다. 아이만의 적정 수준은 아이와 꾸준히 상호작용해서 알아야 한다. 사람의 욕구를 충족시킨다는 건 어려운 일이다. 욕구의 정도는 타고난 기질과 관련이 높다. 아이의 기질을 이해해서 욕구의 양을 알아 가야 한다.

낮은 자존감은 사람에 대한 부정적인 시각과 맞물려, 사람들 사이에서 제대로 된 성공 경험이 없을 때 많이 나타난다. 어릴 때는 부모에게 인정받는 것이 자존감의 대부분을 차지한다. 하지만 아동기부터 자존감에는 비교 개념이 들어간다. 아이 스스로 존중할 수 있지만 그래도 학교에서 어떤 부분은 잘한다고 인정받는 경험이 필요하다.

이때부터는 친구들이 자기를 보는 시각이 부정적이면 자기도 그렇게 느끼기 쉽다. 또한 자기가 아이들과 지낼 때 만족할 만큼 잘 지내지 못하면 자존감이 낮아질 수도 있다. 열등감을 처음 경험하는 것도 아동기다. 이러한 열등감을 잘 극복하려면 자신이 잘하는 영역에 대한 성취 경험이 필요하다. 적어도 이 영역만큼은 '나도 잘한다'라는 자부심을 가져야 한다. 그런 힘으로 열등감의 상처를 이겨 나갈 수 있다. 그래서 부모는 자녀가 잘하는 영역을 반드시 찾아서 격려해 주어야 한다.

부모가 하지 말아야 할 점

이런 아이는 사람에 대해서 적대적이면서 자기도 불만족스러워 아예 대인관계에서 회피할 가능성이 높다. 친구들이 무섭고 싸우는 것이 부담스러우므로 아이에게 직접 싸워 이기라며 자꾸 여러 아이들과 직접 부딪히게 하는 건 하지 말아야 한다. 아이에게 사람에 대한 거부감만 늘리는 것이다. 친구를 무서워할 때 나이가 어리거나 잘 받아 주는 친구랑 사귀는 경험을 더 늘리는 것이 좋다. 센 아이들과 만나는 일을 줄인다. 그것도 못 이기느냐고 비난하지 말고 피하는 법을 알려 주는 것도 필요하다.

그런 다음, 아이가 자기 개념을 높이는 데 우선 더 신경을 쓴다. 자존감이 낮은 아이에게 필요한 것은 수용받는 느낌이다. 자기가 어떤 의견이나 표현을 해도 부모가 있는 그대로 자기를 인정해주어야 건강한 자존감이 생긴다. 부모는 자녀의 요구를 들어주는 연습을 해야 한다. 하루에 한 가지씩 자녀가 원하는 것을 들어주는 활동을 해본다. 제한 선은 먼저 알려 준다. 돈이나 시간이 많이 드는 것 등은 분명 제한해야 한다. 알고 보면 부모에게 요구하는 것이 그리 거창한 것이 아닐 것이다. 그런 사소한 자녀의 요구가 수용되면 자녀도 자신이 사랑받고 있다고 느끼며 긍정적인 시각이 만들어진다.

또한 친구가 두려워 반응하기를 어려워하는 아이들은 적절히 자기주장을 하는 법도 배워야 한다. 자기주장(self-assertion)은 자기가 싫은 것을 거절하거나 적절하게 비판하는 것을 포함한다. 거부하기, 요청하기, 칭찬하기, 비난하기 등을 구체적으로 어떻게 해야 하는지 그 내용을 습득하는 것이 자기주장 프로그램이다. 역할극 형태로 집에서 연습해보자.

아이가 너무 이기적이에요. 친한 친구에게는 잘하고 그렇지 않은 친구에게 막 대해요. 문제가 생기면 자기 마음에 안 드는 친구들을 마구 뭐라 하면서 늘 그 아이들 탓만 해요.

친구를 탓하는 모습
- 대인신념에서 자기는 좋고 타인은 나쁜 아이들 -

Q 자기 마음에 드는 친구와 그렇지 않은 친구를 대하는 행동이 너무 다른 아이들이 있다. 친한 친구에게는 정말 배알도 없는 아이처럼 다 맞추는데 친하지 않은 친구에게는 너무 함부로 한다. 자기 마음에 들지 않는 친구들과는 툭하면 부딪히고 그 아이들이 먼저 문제를 일으켰다고 우긴다.

사람들 간의 선이 있는 아이들은 자기 개념과 타인 개념의 차이가 있다. 즉 자기 개념은 좋고 타인 개념은 나쁜 유형으로 자기 긍정-타인 부정(I'm O.K., You're not O.K.)이라 한다. 호불호가 분명한 아이들이다. 자기가 좋아하는 친구들에게는 갈등이 전혀 없다. 오히려 지나치게 잘한다. 자기가 좋아하는 친구들의 수는 그리 많지 않다. 그들에게는 무조건 맞추고 함께하려 노력한다. 반면 자기가 싫어하는 친구에게는 적대감을 표현하고 걸핏하면 싸우거나 지는 것도 전혀 못 참는다.

이런 아이들은 자신을 꽤 괜찮은 사람으로 여기고 자신감도 있다. 그런데 다른 사람을 부정적으로 본다. 자기에게 나쁜 영향을 끼칠지 모르는 위협자로 본다. 그런 타인을 경계하기 위해 자기 나름의 선을 만든 것이다. 자신의 우월감을 유지할 수 있는 정도를 늘 주의 깊게 살핀다. 대부분의 사람들에 관심 없고 무시하는 경향이 있다. 다만 자기가 필요하고 좋다고 생각되는 사람들을 구분한다. 그러니 자기보다 잘나거나 좋다고 여기는 친구들에게 깍듯하고 그렇지 않으면 우습게 여기는 행동이 반복된다.

이들의 대인신념에는 '사람은 똑같지 않고 나보다 잘난 사람과 못난 사람으로 구분된다'고 여긴다. 누군가 자기를 함부로 하는 사람이 있다고 여긴다. 혹은 '나는 괜찮은데 다른 사람들은 나쁜 사람이 많다'고 여긴다. 그러면 사람들에게 쉽게 피해당한다고 여겨 방어 차원으로 먼저 공격하는 자세가 된다. 그 공격 태도가 사람들을 구분하는 선을 만들어 자신을 보호하는 방식이 된다. 남 탓을 통해 자신을 보호한다.

부모가 알아야 할 점

부모는 이런 자녀들이 자존심이 매우 세다는 걸 이해해야 한다. 이 아이들은 어릴 때는 부모의 권위나 힘이 무서워 참고 지냈지만 사춘기 이후부터는 자신의 목소리를 세게 낼 유형이다. 부모가 아이가 어릴 때 독립적인 인격으로 대하지 않고 부모의 요구를 관철시키면서 키웠다면 자녀는 잘 보이고 싶은 친구들에게는 자신을 억압하며 맞추지만 반대인 친구들에게는 자기 마음대로 하려는 모습을 보이기 쉽다. 그래서 엄청나게 이기적인 아이처럼 보인다. 이것은 타인에 대한 적개심이 깔린 모습이다.

타인이 언제 위협될지 모르니 자신을 보호해야 한다는 대인신념이 있다. 그래서 나름의 기준을 만들어 자신을 보호한다. 자기가 속할 만한 기준을 찾아 윗등급에는 지나친 복종과 순종적인 태도를 보이는 반면 아래 등급에게는 함부로하는 이분화된 태도가 여기서 나온다. 이들은 자기보다 우위에 있는 사람에게는 지나치게 겁먹어 자신을 드러내지 못하면서 반대로 아래로 여겨지는 사람에게는 쉽게 분노하고 자기 뜻을 관철시키려고 억지를 부린다.

자녀의 극단적인 이중 관계를 막기 위해서는 결국 부모가 자신의 행동이나 자녀와의 관계를 다시 살펴야 한다. 부모가 그런 선을 갖고 다른 사람을 대하는 것은 아닌지 반성이 필요하다. 부모를 좋아하는 자녀는 부모의 행동을 따라하고 싶다. 부모가 사람에게 선을 갖고 다르게 대하면 자녀도 당연히 그렇게 대인관계를 맺도록 모델링한다.

부모가 하지 말아야 할 점

자녀의 자존심을 건드리지 않도록 한다. 자녀마다 지켜 줘야 할 아킬레스건이 있다. 이를 존중해주고 자녀의 의견이나 선택을 묻고 행동하는 것이 좋다. 이유 없이 하는 것에 아이는 화가 날 수 있다. 논리적으로 대화하면서 다른 사람에 대한 태도에 대해 이야기하는 것이 좋다. 아이의 잘못을 지적하면 아이는 자존심만 상하고 비난에 대한 공격만 하지 대인관계의 문제를 전혀 고민하지 않을 것이다. 아이의 자존심을 지켜 주면서 다른 사람의 입장에서 생각하는 연습을 유도해야 한다. 아이가 스스로 책임지려는 모습을 보일 때마다 칭찬해주자. 책임감 있는 모습을 부모가 중요한 덕목으로 여기는 것을 아이가 알게 하자.

아이의 행동을 무조건 이기적이라고 꾸짖어서는 안 된다. 그에 앞서 아이가 자신이 좋아하는 친구나 부모에게 먼저 자신을 드러내고 자기 의견을 확실히 주장하도록 격려한다. 너무 부모에게 맞추지 않게 한다. 아이에게 누구 앞에서도 당당하게 행동하는 법을 가르친다.

부모 앞에서 자녀가 자기 목소리를 내고 화내거나 부정적인 감정을 표현하는 것을 막아서는 안 된다. 자신의 불편한 감정을 드러내도 부모가 나를 떠나지 않는다는 경험, 즉 안전하다는 경험이 중요하다. 어쩌면 아이가 부모의 뜻대로 잘하면 예뻐해주고 그렇지 않으면 냉담하게 굴어 '좋은 부모, 나쁜 부모'가 아이 마음에 있어 사람을 구분했을지도 모른다. 좋은 부모를 중심으로 잘 통합하지 못하면 아이는 '좋은 부모, 나쁜 부모'로 나누어 사람을 바라보게 된다.

가장 조심해서 살필 부분은 '부모인 내가 누군가를 함부로 대해도 괜찮다고 행동하진 않은가?'이다. 세상에는 완전히 좋은 사람도 없고 완전히 나쁜 사람도 없다. 사람에게는 좋은 점, 나쁜 점이 공존한다. 다만 나와의 관계에서 내게 잘하면 좋은 사람이 되고, 못하면 나쁜 사람이 될 뿐이다. 내게 못하는 사람이 다른 사람에게는 잘할 수도 있음도 알려 준다. 내 앞에서의 모습이 그 사람의 전부라는 착각을 갖지 않도록 말이다. 아이가 그것을 의리가 없다거나 억울하다고 느끼지 않도록 대인신념을 바르게 고쳐 준다.

 자기는 친구보다 부족하다고 느껴요. 친구를 많이 의지하죠. 친구가 자기를 멀리할까 봐 늘 전전긍긍해요.

친구를 의지하는 아이들
- 자기 개념은 나쁘고 타인 개념이 좋은 대인신념 -

 상담실에서 만난 사춘기 아이들은 남에게 비춰지는 자기 모습 때문에 무척이나 괴로워한다. 친구의 평가에 너무나 신경 쓰고 자기를 어떻게 볼지 불안해한다. 친구들이 자기만 빼고 노는 건 아닌지를 걱정하고 친구들이 있는 곳에 초대받지 못하면 스스로 찐따나 왕따는 아닌지 노심초사한다. 친구에게 끌려다니며 너무 자기에 대해 자신이 없어 안쓰럽기까지 한다.

이것은 자기는 못나게 보는 반면 친구들은 자기보다 훨씬 낫다고 보는 자기 부정−타인 긍정(I'm not O.K., You're O.K.)의 모습이다. 자기에 대한 인정이나 자신감이 없고 다른 사람들에 대한 신뢰나 평가는 늘 높다. 그래서 자기 의견보다 친구의 의견을 더 따른다. 늘 내 탓이 많은 유형이다.

부모가 알아야 할 점

이들은 자신의 힘으로 세상을 부딪치는 데 심리적인 힘이 적은 아이들이다. 무조건 혼자서 알아서 하라고 하거나 의견을 강요하기보다 이들의 내적 힘이 적음을 이해해주는 것이 필요하다. 그리고 그 힘을 어떻게 길러 줄지를 고민해야 한다. 약해진 몸이 다시 건강해지려면 일정 시간 운동, 식이요법 등을 하는 것처럼 심리적인 힘을 길러 주는 데도 많은 공을 들여야 한다. 시작점을 아이의 심리적인 눈높이와 맞추자.

자기가 친구보다 부족하다고 여기는 아이들은 둘로 나뉜다. 진짜 능력이 떨어져서 또래의 기대치에 맞게 행동하기 힘들다고 느끼는 경우와, 열등감이 심해 정서적인 문제로 힘들다고 느끼는 경우다. 전자처럼 능력 부족이라면 친구들과 관계를 맺기가 쉽지 않아서 누군가 도와주었으면 하는 의존 심리가 높다. 또한 가능하면 사기를 받아 주는 마음이 넓은 친구와 어울리려 한다. 남자아이들의 경우, 누나같이 잘 챙겨 주는 여자 친구를 만나면 자신을 잘 이해해준다고 여겨 더 많이 의지하게 된다.

후자처럼 열등감으로 친구에게 전전긍긍한다면 인정받고 싶은 대상이 '친구'이기 때문에 복잡하다. 아이가 친구의 눈치를 많이 보는 건 친구가 자기를 싫어해 거부하지 않을까 두렵기 때문이다. 친구를 사귀면서 인정을 바라는 건 어쩌면 당연하다. 하지만 아이가 유달리 친구의 인정에 매인다면 혹시 가족관계에서 충분히 인정받지 못하고 있는지부터 살펴봐야 한다. 가정에서 좌절된 인정 욕구를 친구에게 투사하고 있을 수 있다.

부모가 하지 말아야 할 점

친구의 눈치를 보는 아이에게 왜 그렇게 소심하게 구냐고 꾸중해서는 절대 안 된다. 그리고 아이가 친하고 싶어 하는 친구를 함부로 나쁘게 말해서는 안 된다. 그 대신 친구를 늘 신경 쓰는 아이의 마음을 같이 느끼려고 한다. 얼마나 신경이 쓰이는지, 어떤 점에서 힘든지 등을 들으려 한다. 부모의 공감은 아이가 '그래. 친구에게 이렇게까지 매일 필요가 없지. 내가 더 소중하잖아.'란 생각을 하는 데 첫걸음이 된다.

아이가 열등감이 많다고 판단될수록 잘못한 것을 지적해서 고치려 말자. 쇠처럼 단련시키려고 아이를 밀어붙이면 더 위축만 된다. 자기 개념이 부정적인 아이들은 좀처럼 자신이 잘하는 모습을 보려 하지도 않고, 인정하지도 않는다. 그러니 매사에 작은 일이라도 칭찬해준다. 뭉뚱그려 칭찬하지 말고 구체적으로 칭찬해야 자신의 어떤 점을 더 부각시킬지를 생각할 수 있다.

어릴수록 부모나 주변 사람의 평가로 자신의 존재를 확인한다. 따라서 부모는 미성년자인 자녀에게 자주 "사랑한다, 네가 있어서 기쁘다"는 표현을 하자. 가끔 이런 말을 하는 것이 낯간지럽거나, 정말 우러나지 않은데 그런 말을 하는 건 솔직하지 않아 싫다는 부모가 있다. 하지만 아이들에게 이런 쇼(show)도 필요하다. 아무리 가식적인 쇼여도 들을수록 힘나게 한다. 그러니 아침, 저녁으로 적어도 2번은 아이의 존재에 감사함을 표현하자.

그리고 남들이 하는 것을 다 똑같이 시키지 말자. 그보다는 아이가 친구들 사이에서 조금이라도 잘할 수 있는 능력을 찾도록 도와준다. 그것만큼은 어느 누구보다 잘하는 영역으로 아이가 자신할 수 있는 강점을 찾아 준다. 아이만의 색깔을 입히자.

친구를 사귀는 기술이 있나요?

대인기술

친구들의 신체 접촉을 너무 싫어해요. 친구들끼리 하는 놀이에도 아예 끼지 않으려 해요.

내 몸을 건드리지 마

- 부족한 비언어적 대인기술 -

사람은 스킨십을 통해 더욱 친해지는 부분이 있다. 어릴수록, 남자아이일수록 대부분의 놀이는 신체놀이다. 대화가 되지 않을 때 몸을 움직여 자신의 의사를 표현한다. 그런데 그중 몸으로 노는 것을 좋아하지 않은 아이들도 있기 마련이다. 몸으로 노는 정도도 아이마다 달라서 격하게 노는 것을 좋아하는 아이가 있고 그렇지 않은 아이도 있다. 일반 아동보다 신체 접촉을 너무 꺼리거나 다른 사람의 행동이나 몸짓을 공격적으로 해석하는 아이라면 친구들과 자연스런 관계를 맺기가 어려울 것이다.

이외에도 친구들끼리 어느 정도 다가가도 되는지, 신체적인 거리를 얼마나 유지해야 하는지, 어떤 몸짓을 좋아하고 또 혐오하는지, 어떤 표정을 지어야 상황에 맞는 표정인지 등을 파악하고 표현할 줄 알아야 한다. 이 모습들은 '비언어적 의사표현'이라고 한다.

무조건 친구들과 신체를 접촉하는 걸 꺼린다면 소통을 반밖에 하지 못하는 격이다. 의사표현은 말이 아닌 여러 모습으로 이루어지기에 그렇다. 가볍게 머리를 만져 주거나 등을 두드리거나 어깨동무, 팔짱 끼기, 기대기 등 여러 행동으로 친밀감을 표현할 수 있다. 남자아이들은 조금 짓궂은 행동으로 장난치는 경우가 있다. 툭 건드리고 도망가기도 하고(남자아이들의 행동 언어에 대한 구체적인 표현들), 남자아이들이 운동을 즐기는 이유는 격한 신체 접촉이 친밀함으로 받아들여지기 때문이기도 하다.

부모가 알아야 할 점

아예 신체놀이를 못한다면 정말 우리나라 남자아이들 사이에서 끼지 못할 수밖에 없다. 따라서 몸 장난을 하면서 친구와 놀지만 어느 선에서 자기를 보호하는 능력을 길러 주어야 한다. 먼저 다른 사람을 치는 일은 막아야 한다. 싸움에서 말로 놀리며 신경을 건드리는 것도 나쁘지만 법적인 잘못을 따질 때는 누가 먼저 때렸느냐로 결정된다. 따라서 가급적 먼저 신체를 공격하지 않도록 주의시킨다.

신체 접촉에서 힘 조절이 되지 않거나 별로 친하지 않은데 이렇게 행동하면 상대 아이들은 자신을 건드린다고 생각한다. 그래서 상대 친구가 신체 접촉을 얼마나 수용할지를 아는 눈치가 필요하다.

친구와 함께 신체 활동을 여러 번 하면, 친구의 반응을 읽으며 수위를 조절해가는 직감과 눈치가 생긴다. 이것은 아이들이 어릴 때부터 많은 친구들과 부대끼며 지내야 하는 가장 큰 이유이기도 하다. 어릴 때는 눈치 없이 굴어도 서로 봐주고, 같이 울면서 금방 잊고 놀기도 한다. 하지만 크면서는 이런 눈치가 없는 아이를 기피하게 된다. 자신을 괴롭히는 아이로 느껴지기 때문이다.

아이에게 다양한 비언어적 의사표현들을 알려 주고 자기 모습을 보는 기회를 준다. 집안 곳곳에 거울을 두면 자기 모습을 살피는 데 도움이 된다. 가끔씩 아이의 행동이나 표정 등을 비디오나 사진으로 찍어서 보여 주는 것도 방법이다. 자신의 모습을 객관적으로 볼 수 있을 때 스스로 조심하려는 마음이 생긴다. 또한 친구들끼리 재미있어 하거나 혹은 귀찮거나 싫어하는 행동이나 몸짓, 표정들이 무엇인지도 살펴보도록 알려 준다.

부모가 하지 말아야 할 점

부모는 신체 놀이에서 아이가 느끼는 고통을 간과해서는 안 된다. 무조건 친구들의 거친 행동에 참고, 때리지 말라고만 해서는 안 된다. 친구가 말로 아이를 놀리거나 욕하거나 자존심을 건드릴 때는 맞받아 말이나 행동으로 공격하는 방법을 가르쳐 준다. 아이에게 적절히 자신의 공격성도 보이도록 권해야 한다. 만일 아이가 공격적인 표현을 꺼린다면 이런 행동을 완전히 무시하며 견디는 태도를 가르쳐야 한다.

아이의 제일 좋지 않은 반응은 작은 찝쩍거림에도 쉽게 씩씩거리는 모습이다. 아이가 감정적으로 반응하면 놀리는 아이들은 더 재미있어 한다. 아이가 억울해하거나 화나지만 대들지 못하는 모습에 더 신나서 건드리기 쉽다. 그런 놀림에 말려들지 않으려면 그 친구를 적당히 무시하는 작전을 배울 필요가 있다.

방어적으로 신체 공격에 맞서는 공격 자세도 배워야 한다. 때리는데 무조건 맞고만 있으면 아이들은 더 센 강도로 괴롭힌다. 자기 몸을 보호하는 것이 마땅하기에 아이에게 어느 선에서 기분 나쁘게 맞았다고 느끼면 바로 반응하도록 가르쳐야 한다. 가능하면 팔이나 허벅지 같은 데를 공격하도록 알려 준다. 못 때리는 아이가 아니라 힘은 있되 안 때리는 아이임을 알릴 방법을 찾아야 한다. 방어 차원에서 그리고 자신의 힘을 어느 선에서는 적절히 표시해야 한다는 걸 알려야 한다.

한편 힘이 센 자녀를 너무 치켜세우지 말자. 함부로 신체 표현을 하지 않도록 주의를 준다. 자신의 힘이 조절되지 않으면 친하다는 신체 접촉이 친구에게 괴롭힘이 될 수 있음을 알린다. 내가 아무리 친해서 한 행동이어도 친구가 괴롭다면 이를 존중하는 것부터 시작한다. 아이가 내 의도는 그렇지 않아도 친구가 싫다면 바로 멈추어야 한다는 걸 이해해야 한다.

다른 사람들에게 예의 없는 행동을 하지 않도록, 바른 행동을 가르치는 일을 게을리하지 말자. 아이들에게 이런 도덕적 행동을 가르칠 수 있는 시간은 그리 많지 않다. 유아기부터 학령 초기까지만 가능하다. 이 점을 명심하고 어릴수록 바른 인성교육을 하도록 노력해야 한다.

 다른 사람 앞에서 목소리가 기어가요.

목소리 내는 게 부끄러워요
- 부족한 언어적 대인기술 -

친구들과 놀고 싶은 마음은 큰데 막상 친구에게 다가가 말을 걸거나 나서는 것을 힘들어하는 아이들이 있다. 이 아이들은 사람을 원하면 서도 친구에게 말하는 것이 두려워 관계에 어려움을 보인다. 한 아이는 너무 부끄럼을 타서 친구와 길을 가다 마주쳐도 인사도 제대로 못한다. 목소리도 들릴 락 말락 할 정도다.

이들이 가장 어려워하는 것은 친구랑 노는 게 아니라 사람들의 주목을 받는 거다. 사회적 부끄럼이 있기 때문이다. 친구랑 놀고 싶지만 조용히 묻혀서 놀고 싶다. 따라서 친구들에게도 먼저 못 다가갈 수밖에 없다. 친구들 몇몇과 조용조용 이야기하는 것은 하지만 발표는 버겁다. 부끄럼 때문에 자기 몫을 못 챙길 때도 많다. 속상하지만 싫은 내색도 잘 못한다. 그래서 다른 아이들은 이렇게 부끄럼을 느끼는 친구들을 편하게 여기기도 한다.

이런 아이들이 부모가 보는 것처럼 답답하거나 친구가 전혀 없지는 않다. 또래 친구들은 이 아이들을 잘 받아들이고 협조하는 친구로 여기는 경우도 많다. 특히 부끄러워 자기표현을 잘하지는 못해도 막상 놀 때는 잘 뛰어놀아서 생각보다 친구들과 잘 어울린다. 즉 언어적 의사소통에는 어려움을 느껴도 비언어적 의사소통을 잘해서 친구들과 친하게 지낼 수 있다.

부모가 알아야 할 점

친구들에게 다가가기 힘들어하는 게 전부 부끄럼 때문만은 아니다. 그중에는 걱정이 많아서 친구나 사람들 앞에 서기 힘든 아이들도 있다. 말이나 행동에서 실수해서 친구나 다른 사람들이 꾸중이나 지적하면 어쩌나 걱정을 한다. 주로 자신의 모습이 완벽하기를 기대하는 것이 높은 아이들이다.

혹은 불안을 많이 느끼는 초등학교 저학년 아이들 중에는 여전히 엄마가 최고이며 엄마랑 떨어지기 힘들어서 친구들과 어울릴 용기를 못 내는 경우도 있다. 친구를 만날 때도 엄마와 같이 가고 싶고, 혼자 친구 집에서 자거나 캠프를 가는 것을 힘들어한다. 과거 친구들 사이에서 좌절한 경험이 있을 경우 다시 친구들에게 다가가는 것을 힘들어하기도 한다. '친구가 받아 주지 않으면 어떻게 하지?' 하고 걱정한다. 자기 생각보다 친구의 반응이 적으면 쉽게 불안해한다. 이런 아이는 짜증도 많고 변덕스럽고 어떤 결정에도 자꾸 머뭇거린다. 그래서 빠르게 오가는 친구들의 교류에서 타이밍을 잘 놓친다. 그래서 아이가 받아들여지지지 않는다고 느끼는 상황이 반복될 수 있다. 행동이 굼떠 친구들의 행동에 잘 반응하지 못해 재미없는 아이가 될 수 있다. 이런 반복은 또다시 낙담으로 이어져 친구 앞에서 기죽게 되기도 한다.

아이가 친구를 부끄러워한다고 발표할 기회를 줄일 필요는 없다. 생각보다 아이가 인사나 말은 꺼리면서도 공연이나 무대에 서는 기회를 놓치고 싶지 않은 아이도 있다. 발표나 무대 공연이 생길 때마다 한번 해볼지를 끊임없이 물어봐주어야 한다. 아이가 당연히 하지 않을 거라고 단정해 제안도 하지 않으면 아이는 경험할 기회가 없다. 그러면 더 위축되어 남 앞에 서기가 힘들어진다. 집에서 발표 연습도 하고 친구들과 함께 발표해보도록 돕는다.

부끄럼이나 불안이 있는 아이와 여행을 갈 때는 매번 다른 장소를 가기보다 한 장소를 여러 번 가는 것이 더 좋다. 아이도 아마 그것을 원할 것이다. 아이가 충분히 익숙해져 편안해한다면 그곳의 사람들에게 더 다가간다. 그런 다음에 새로운 장소나 사람들과 만나는 걸 또 시도하는 것이 더 좋다.

부모가 하지 말아야 할 점

또래들의 똑 부러진 말이나 발표 모습들을 보면서 아이가 상대적으로 부족하게 느껴지거나 친구들에게 당하는 것은 아닌지 노심초사해서 부끄럼을 마치 큰 병처럼 나타내서는 안 된다. 부끄러워서 다른 사람에게 다가가기 힘든 아이 내면에는 친구랑 잘 사귈 수 있는 힘이 있다. 나름대로 친구를 사귀는 기술도 있다. 단지 사람이 빨리 편해지지 않을 뿐이다. 아이가 사람을 익숙하게 느끼기까지는 시간이 걸린다. 따라서 부모는 사람에게 다가가는 속도를 아이에게 맞춰 주는 게 필요하다. 그러니 사람들을 만날 때마다 자꾸 인사나 꼭 말을 하라고 재촉하지 말아야 한다.

이런 아이들은 특히 예고 없이 새로운 사람이나 상황에 노출되는 일이 없어야 한다. 이들은 새로운 사람이나 상황에서 만나는 걸 정말 힘겨워한다. 그러니 가급적이면 천천히 노출시킬 필요가 있다. 준비가 많이 필요한 아이들이다. 변화에 대해 미리 아이와 충분히 이야기하고 두려워하지 않고 마음으로 준비할 시간을 주어야 한다. 한 발짝씩 조심히 움직인다는 생각으로 시도하고 도전한다.

그리고 친구들 앞에 가면 저절로 말문이 트인다고 믿으면 안 된다. 친구들 앞에서 말하는 걸 집에서 연습해도 좋다. 특히 자기주장을 하는 훈련(self-assertion program)을 통해 사람들 앞에서 자신을 말로 표현하는 훈련도 매우 도움이 된다.

또한 순번대로 하는 발표는 꼭 준비할 수 있게 도와야 한다. 아이가 싫어할 거라 단정하지 말자. 수줍어해도 마음에는 하고 싶은 욕구가 높을 수 있다. 아이가 친구들의 반응이 두려워 앞에 못 나간다면 모든 친구가 싫어하는 일은 없다고 알려 주자. 분명 아이의 발표를 좋아하는 아이도 있다고 강력하게 알린다. 그리고 연습하며 준비하게 한다.

친구들이 하는 몸짓이나 표정 등을 제대로 알아채지 못하네요. 한 박자씩 늦거나 뒤늦게 딴소리를 해요. 친구들의 말을 알아듣는 말귀도 어두워요.

친구가 뭘 말하는지 알기 어려워요!
- 대인기술이 아주 떨어지는 아이들 -

친구와 어울리고 싶은데 친구들의 말을 이해하기가 어려운 아이들이 있다. 아이는 친구가 말을 너무 빨리 하는데다가 무얼 말하는지 몰라서 친구 행동을 살피며 따라 하기 바쁘다. 조용하고 얌전해 보여 친구들이 처음에는 좋아하지만 얼마 지나지 않아 아이를 답답해하며 하나둘 떠난다. 그러다 보니 또래보다 동생들과 노는 시간이 더 많아진다.

또래에게는 거부당하고 자꾸 동생들과 어울리기만 하면 문제가 된다. 아이가 이런 모습을 보이는 이유가 지적인 문제 때문인 경우도 있다. 혹은 아이가 또래보다 미성숙해 또래 활동에 재미를 못 느끼고 어떻게 반응할지 모를 가능성이 높다. 단지 미성숙한 것인지, 아니면 지적인 문제가 있는지는 전문가의 정확한 평가를 통해서만 알 수 있다.

IQ가 75~85 정도인 경계선 지능의 아이들이 이러한 모습인 경우가 많다. 지적장애의 수준은 아니지만 보통 지능보다 낮아서 전반적인 생활이나 학습에서 습득하기가 어려울 수 있다. 하지만 사회적 욕구나 관심은 일반 아이들과 같아서 매우 적극적인 모습이다. 그런데 아이의 그런 욕구나 관심이 어린아이같아 과장된 행동으로 나타난다. 따라서 아이는 친구들과 어울리고 싶은데 친구들의 말을 이해하기 어렵고, 친구에게 아이의 행동은 자꾸 유치하게 보이니까 서로 맞지 않아 문제가 생긴다.

한편 지적 문제를 보이는 아이들은 친구들의 표정이나 행동을 읽어 내는 능력이 떨어지는 경우가 많다. 친구들의 웃음이 비웃는 것인지 좋아서 웃는 것인지 구분하기 힘들다. 친구들의 몸짓이 무슨 의미인지 파악하기 어렵고 엉뚱해서 '사오정'이라는 별명이 붙기도 하다.

친구들을 사귀는 데는 표정, 몸짓, 행동 같은 비언어적 의사소통도 중요하다. 아이들은 표정으로 다양한 감정을 읽고 몸짓의 다양한 의미와 행동으로 서로의 성향을 알기도 한다. 그런데 이들은 친구들의 행동에 빨리 반응하지 못해 늘 뒤쫓게 된다. 게다가 친구의 표정을 이해하지 못해 감정을 전혀 배려하지 않는 것처럼 비춰진다.

친구들은 처음에는 이 아이들이 순해서 같이 놀다가 점점 눈치 없이 구는 걸 겪으면 같이 안 놀게 된다. 이 아이들은 친구들이 자꾸 끼워 주지 않으니 매우 불쾌해하며 부소건 자기를 괴롭힌다고 여겨 피해의식이 커진다. 학년이 높아지면서 피해의식은 점점 커지는데 당장은 어린아이들과 노는 정도로 만족할 수 있지만 친구들의 거부가 쌓일수록 분노가 심해져 내재적인 문제나 외현적인 문제 행동으로 나타날 수 있다.

부모가 하지 말아야 할 점

우선 아이가 친구들끼리 놀다가 저절로 배울 거라는 생각을 버리자. 이들은 구체적인 가이드 없이는 배워지지 않는 아이들이다. 하나부터 열까지 차근차근 알려 줘야 한다.

둘째, 그렇게밖에 친구 관계를 이해하지 못하는 아이를 닦달하거나 꾸짖어서는 안 된다. 그런다고 아이들이 저절로 배울 수 없고 아이 마음만 다친다. 이들을 더 답답하게 하는 것은 방법은 알려 주지 않으면서 결과를 만들라는 부모의 훈계다. 아이들은 부모가 무서워 잘못했다고 하며 관계를 무조건 피하게 될 수도 있다.

또한 어린 동생하고 노는 것을 막지 않는다. 부모는 아이의 수준을 바르게 이해하고 아이가 원하는 놀이를 허용해주어야 한다. 동생들이라도 기꺼이 사람과 교류하는 즐거움을 이어 나가야 한다. 아이들은 동생들과 놀면서 자기 마음대로 하려고 할 수도 있다. 친구들에게는 거의 표현한 적이 없거나 수용받은 적이 없는 욕구를 동생들에게서 채우려 할 수도 있다. 아이 입장에서는 이렇게라도 기회가 있는 것이 없는 것보다 낫다.

동시에 친구들과 어울리는 노력도 게을리하지 말자. 반에서 친해지고 싶거나, 어울리기 편한 친구들을 찾도록 도와준다. 이때 아이가 사귀는 친구들이 부모 눈에는 성이 차지 않을 수 있다. 하지만 아이가 편안하게 관계를 맺을 수 있다면 기꺼이 허락해야 한다.

만약 지적인 문제가 확실하거나 심하다면 또래 관계를 어려워하는 아이들일수록 사회성 훈련이 필요하다. 아이는 그냥 경험으로 사회적 관계를 이해하거나 교감하는 걸 배우기 어렵다. 그러니 구조화된 경험으로 가르치는 것이 도움이 된다. 작은 그룹에서 다양한 역할을 경험하면서 각 사람의 행동과 표정을 읽어 내는 연습을 구체적으로 시킨다. 가정에서는 만화나 드라마, 영화에서 주인공의 몸짓이나 표정을 이해하는지 연습해도 좋다.

경계선 지능을 보이는 아이들은 생각보다 유순한 편이라 고집스럽지 않고 잘 타협하면서 친구들의 행동을 따라갈 수 있으면 친구들과 놀고픈 욕구가 잘 채워져 정서 문제를 크게 느끼지 않고 자랄 수도 있다. 그런데 친구가 이런 아이들의 순진함을 이용하거나 괴롭히면 아이는 이에 적절히 대응하기 힘들어 스트레스를 받는다. 그런 상태라면 아이는 학년이 올라갈수록 친구들에 대한 거부감이나 분노가 쌓이게 되므로 부모가 잘 관찰해야 한다.

6

내 아이가 갖춰야 할
사회적 기술과 특성은
무엇일까?

–관계 형성에서 필요한 특성들–

관계에서 표정이나 옷차림에
신경 쓰나요?

대인지각

씻는 것도 싫어하고 옷도 트레이닝복 같은 헐렁한 옷만 입으면서 지저분하게 다녀요.

외모로 친구를 판단하다

다른 사람들에게 호감을 사는 데 영향을 미치는 요인 중 하나가 겉모습이다. 외모가 주는 인상은 실제로 관계에 영향을 준다. 만일 아이가 잘 씻지 않거나 옷을 단정하게 입지 않는다면 남들 보기에 깨끗한 이미지는 안될 것이다. 아이가 높은 학년이 될수록 친구들에게 이런 모습으로 홀대 받을 가능성도 높아진다.

　얼굴을 꾸미거나 단정한 옷매무새는 친구들을 사귀는 데도 영향이 크다. 어릴 때일수록 외모로 친구를 사귀는 경향이 많다. 어릴 때는 자주 만나는 것만큼 예쁘거나 잘생긴 모습을 중요하게 본다. 예쁘장한 여자아이나 남자아이들이 인기를 끌고 친구들도 쉽게 다가온다.

　그런 모습이 초등학교 저학년까지 가다가 점차 성격이나 관심사가 비슷한 친구를 좋아하게 된다. 그러다 사춘기가 되면서 다시 외모를 중요하게 본다. 사춘기 시절에는 친구들의 인정이 중요해지고 친구들이 보기에 괜찮은 패션을 따르려 한다. 옷에 관심 없던 아이도 몸치장이나 헤어스타일 등에 관심이 많아진다. 사춘기에는 친구들의 시선에서 벗어나지 않으려 하고 괜찮은 친구 그룹에 끼고 싶어 외모를 가꾼다.

부모가 알아야 할 점

　각 개인은 성격적인 특성으로 '대인동기', '대인신념', '대인기술'을 지니고 있다. 그리고 사람과의 만남을 통해 관계가 이루어지면 '상호작용적 특성들'이 만들어진다. 가장 먼저 일어나는 일은 첫인상이다. 다른 사람을 인식하는 초보적 과정으로 '대인지각'이라고 부른다.

　첫인상은 상대를 잘 알지 못한 상태에서 몇 가지 정보로 상대를 판단하게 한다. 가장 영향을 미치는 것 중 하나가 외모다. 외모가 잘생겨야 한다기보다는 사회적 기준에서 얼마나 자신을 잘 관리하는지가 중요하다. 생김새나 유행에 따른 옷맵시보다 상황에 맞게 단정하고 청결한 모습이 더 중요한 것이다.

그런데 간혹 깨끗이 하거나 옷을 단정하게 입는 것을 싫어하는 아이가 있다. 한마디로 사회적 요구에 맞춰 꾸미기를 거부한다. 아이가 이런 모습을 보이는 건 현실적인 욕구나 기대보다는 자기 욕구가 제대로 해결되지 않았기 때문일 수 있다. 이를테면, 아이가 친구나 학교, 가정에서의 갈등이 반복되면 심리적으로 무기력해지면서 외모 역시 무의미하고 귀찮은 일이 될 뿐이다.

만약 아이가 외모에 전혀 관심이 없고 이로 인해 친구 갈등이 나타난다면 전문가의 상담이 필요할 수 있다. 이미 아이의 내적 문제가 심각한 수준일 수 있기 때문이다. 청소년기에 심리적인 문제가 심할수록 씻기에 대한 거부는 강해지기도 한다.

이 거부가 엄마에게 대항하는 마음에서 온 건지, 외모에 신경 쓰고 싶지 않을 만큼 자신에 대해 부정적인 상태인지, 또 다른 이유가 있는 건지를 살펴야 한다. 부모가 직접 알아내기 힘들다면 전문가의 도움을 받자. 자신을 함부로 대하는 아이에게 아무리 다른 사람의 시선을 알려 줘봤자 잔소리가 될 뿐이다. 아이 마음의 저항을 줄인 후에야 사람들을 사귈 때 단정한 외모가 왜 중요한지를 설득할 수 있다.

부모가 하지 말아야 할 점

아이에게 무조건 다른 사람들이 흉을 볼지 모른다며 남을 의식하게끔 강조해서는 안 된다. 아이에게 알려 줄 것은 '사람들의 관계에서 만들어지는 인상이 중요하다'는 점이다. 그러기 위해서는 아이에게 수치심을 주면서 자기 모습이 문제라고 알리는 것은 근본적인 해결법이 아니다. 그보다 아이가 스스로 부끄럽다고 느껴야 행동을 바꾼다. 청결이나 깔끔한 옷차림은 자신을 사랑하는 방법 중 하나다. 그런데 이것을 심하게 거부해 남에게 혐오감을 줄 정도라는 건 결국 자신을 사랑하고 있지 않다는 반증이다. 상담에서 처음에는 매우 지저분했던 아이들이 상담과정을 거치면서 점차 깔끔해지고 단정한 모습으로 바뀌는 것은 자주 목격되는 일이다.

아이의 그런 모습을 꾸중하기보다 아이가 무엇에 집중하느라 그런 관심이 생기지 않는지 그 내면을 보려 해야 한다. 그리고 아이가 조금이라도 단정하게 입거나 씻는다면 칭찬한다.

거부가 심한 아이일수록 부모가 바라는 수준을 요구하지 말자. 아이가 하고 싶은 만큼 씻고 옷을 입도록 해주자. 손을 씻지 않고 먹으려는 아이에게 쉽게 닦을 수 있는 물티슈나 타월을 준비해주고 추운 날 얇은 옷을 입으려는 아이에게 원하는 옷을 입되 겉옷을 가져가라고 격려한다. 놀다가 옷매무새가 엉망이 되는 아이에게는 다 놀고 나서 집에 단정하게 하고 오면 칭찬이나 상을 주는 연습부터 해본다.

반대로 옷차림새에 너무 깔끔을 떠는 형은 어떨까? 첫인상에서는 좋은 이미지를 줄 가능성이 높다. 하지만 아이가 너무 남의 시선을 신경 쓰면서 자신의 깔끔함을 주변 사람들에게 지나치게 요구하면 피곤한 사람으로 남기도 한다. 남이 보는 나에게 너무 매여 있는 그 이유를 살펴주자.

아이가 사람들과 눈 맞춤도 잘 안 하고, 건성으로 대답해서 사람들이 오해해요. 친구들의 관심을 끌려고 만화 흉내를 내며 반 분위기를 흐리고 친구에게 치대네요.

행동으로 말해요

관계에서 웃는 표정이나 예의 바른 행동이 중요한 이유는 그 모습들이 상대를 기분 좋게 해주기 때문이다. 반면 눈 맞춤도 제대로 하지 않으면 불안정해 보이고 상대를 성의 없이 대한다는 인상을 준다. 사람은 행동으로도 많은 의사를 전한다. 비언어적 의사소통을 일으키는 표정이나 몸가짐, 행동들이 중요한 이유다. 그런데 유달리 다른 사람들의 행동들을 살피거나 눈치껏 행동하지 못하는 아이들이 있다.

이 아이들 중에는 친구들이 웃으면 자기 행동을 좋아해서 웃는 거라고 잘못 이해하는 경우도 있다. 엉덩이를 보여 주는 만화 캐릭터를 따라해 주변 친구들이 싫어해도 단지 몇몇 친구의 반응으로 관심 받는다고 생각해서 자꾸 반복하기도 한다. 친구나 선생님 등 대상에 따라 행동이 달라져야 하는데 어른에게도 반말을 하기도 한다.

아이는 보통 친구들의 행동이나 몸짓, 표정을 살피며 반응하지 않는다. 또한 상대에게 자신의 행동, 몸짓 등이 어떻게 비춰질지도 잘 모른다. 나와 상대의 나이에 따라서도 행동은 달라져야 한다. 친구들에게 자꾸 치대며 어울리는 모습은 어릴 때는 받아들여졌어도 학년이 높아질수록 아이들이 싫어할 수 있다. 이런 행동은 아이가 남을 적절히 살피는 훈련이 되지 않은 모습이다.

부모가 알아야 할 점

사람들의 행동거지를 잘 살피지 못하는 자녀에게는 친구들의 행동을 보고 즐겨 하는 행동과 꺼리는 행동을 구별하는 훈련이 필요하다. 부모는 아이가 유치원이나 학교에 갔다 오면 친구를 잘 사귀는 첫 단계로 친구 모습을 관찰하는 과제를 꾸준히 내본다. 누가 한 어떤 행동들이 재미났는지 어떤 모습이었는지 흉내를 내도록 유도해도 좋다. 자녀가 관심을 갖는 친구의 행동을 살피면서 친구의 마음이나 뜻을 파악하는 연습을 해본다.

만약 아이가 가까운 친구를 관찰하는 걸 어려워한다면 그냥 반에서 눈에 띄는 친구의 행동을 이야기해도 좋다. 그 친구가 어떤 모습이고 다른 친구들은 그 행동을 어떻게 보는지 이야기해본다. 아이가 자기랑 직접 관련된 친구나, 자기에 대해 객관적으로 이야기하는 걸 불편해할 수 있기 때문이다.

집단생활에 대해 물어보면 "몰라"라고 해버리는 아이들도 있다. 그럴 경우 집에서 식구들의 행동이 무엇을 의미하는지부터 살피도록 해보자. 아이가 행동단서를 너무 못 찾더라도 인내심을 갖고 하나씩 가르치려고 노력하자. 아이가 저절로 배워지지 않을 수 있기 때문이다.

즉 아이가 다른 사람의 행동단서를 잘 못 읽는다고 판단되면 다른 사람의 행동을 관찰하는 훈련을 해보는 것이다. 재미난 방법을 많이 찾아본다. 책의 그림을 보거나 마임 영화를 보는 것도 한 방법이다. 동물 사진집을 보며 동물들의 표정을 읽을 수 있는지 연습하는 것도 좋다. 아이가 좋아하는 만화에서 행동특성들을 읽도록 해봐도 좋다.

자기표현을 잘하는 아이라면 표정 읽기나 친구들이 한 행동이나 말에서 좋았던 점을 흉내도 내보고 어떤 행동이 잘 이해되지 않았는지도 이야기해보자. 주로 친구들의 모습 중 즐거울 때의 표정이나 말, 화날 때의 태도를 이야기 주제로 삼는다. 이야기를 끌어내는 것이 어려운 아이들이라면 '보상 스티커' 등을 통해 외적 보상을 주어도 좋다.

부모가 하지 말아야 할 점

부모는 아이가 다른 사람을 잘 관찰하지 못하는 것을 답답해하며 자꾸 재촉해서는 안 된다. '아이가 안 하려는 게 아니라 모르는 거다.' 아이에게는 친구들의 행동을 왜 관찰해야 하는지, 그런 행동을 보고 무엇을 느끼라는 건지, 자기는 어떤 행동을 해야 옳은 건지에 대한 개념이 없을 수 있다. 주로 둘째 아이는 이런 문제로 걱정하는 일이 적다. 태어나면서부터 위의 형제 모습을 관찰해 배우기 때문이다. 하지만 첫째 아이는 그렇지 않은 경우가 많다. 따라서 그런 자녀를 동생들과 비교해 눈치 없다고 하지 말자. 그러면 아이는 자신이 원래 둔감하다고 낙인찍는다. 그리고 더 노력하지 않을 것이다.

아이에게 자신의 행동이 다른 사람들에게 어떻게 비춰질지도 알려 준다. 자꾸 기대고 지대는 행동은 대부분의 경우 다른 사람들이 아주 싫어한다. 아이는 친구와 좀 더 친해지고 싶어서 하는 행동이지만 그런 걸 요즘 아이들은 별로 좋아하지 않는다. 남과 나를 구별하려는 경향이 많은 세대라 선을 넘는 것을 매우 불쾌해하는 친구들이 많다. 한마디로 거리 두기를 원하는 아이들이 많다. 아이에게는 친구마다 반응이 다르니 특히 그런 행동을 싫어하는 친구들이 어떤 행동을 하는지 읽어 내도록 알려 주자.

주로 살펴볼 행동단서로는 움직임과 제스처, 자세, 타인과의 거리 등이 있다. 이를 통해 그 사람의 성격이나 능력, 사고방식 등을 읽어 낸다. 이 외에도 표정, 눈 맞춤, 몸 동작, 신체 접촉, 공간 활용 등으로 표현되는 내용을 이해하는 것도 배우도록 한다.

관계에서 친구의 말과 행동을
오해하나요?

대인사고

친구들이 자기를 빼놓고 이야기하면 자꾸 자기 험담을 할 거라고 걱정
해요.

잘못된 생각들이 사회적 갈등을 만든다

아이가 자기에 대해 자신 없어하면서 친구들이 어떤 일을 벌일지 전전
궁긍해한다면 아마 친구들이 모여서 자기 흉을 본다고 생각하고 있을
것이다. 아이는 이런 오해로 짜증이 늘고 긴장해서 몸도 자주 아프다. 극단적으
로 생각하는 경우, 친구들이 웃는 걸 자기를 비웃는다고 오해하면서 화가 폭발

해 폭력을 휘두르기도 한다.

만일 과거에 친구에게 거부당한 상처가 있는 아이라면 자꾸 사건을 부정적으로 왜곡하는 경향을 보일 수 있다. 이러한 잘못된 판단을 '인지적 오류'(cognitive error)라고 말한다. 인지적 오류는 아이가 친구의 의도나 사건의 의미를 왜곡하는 주된 원인이 된다.

부모가 알아야 할 점

우리가 어떤 일에 대해 화나는 이유는 그 일에 부여하는 개인적인 의미 때문이다. 나랑 상관없는 상황이어도 나를 흉보는 것으로 의미를 부여한다면 우리는 화가 난다. 이렇게 다른 사람과의 관계에서 잘못된 사고를 하는 것을 '대인사고의 문제'라고 말한다. 대인사고는 다른 사람과의 사건에서 의미를 읽어 내는 과정이나 그 사고 내용을 말한다.

사람들이 가장 흔하게 하는 인지적 오류로 '흑백논리적 사고'가 있다. 사람들의 반응을 두고, 자기를 좋아하는 사람, 싫어하는 사람으로만 나누어 본다. 그 중간의 의미를 해석하지 못한다. 예를 들어, 선생님이 자기에게 꾸중하면 자기만 미워한다고 단정 짓는다.

또 다른 인지적 오류로 '과잉일반화'도 있다. 말끝마다 '항상,' '언제나', '우리 반 모두', '절대로' 같은 표현을 쓴다. 그럼으로써 어떤 상황을 지나치게 보편적으로 만들어 버린다. 예를 들어 아이가 '친구가 항상 자기를 무시한다'고 말하는데 이는 친구가 자신을 한 번 못 보고 지나친 것을 가지고 자신을 무시했다고 판단하고 항상 그랬다고 하는 것이다.

또 다른 인지적 오류로, 충분한 근거도 없이 친구의 마음을 멋대로 추측해서 말하는 '독심술적 사고'(mind reading)가 있다. 친구의 퉁명스러운 표정을 보고 자기를 싫어해서라고 단정해 화를 내버리는 경우도 그렇다. 사실 알고 보면 그 친구가 다른 일로 속상한 것일 수 있는데 자기 생각으로 상황을 단정 짓는 모습이다.

부모가 하지 말아야 할 점

자녀가 이렇게 관계에 대해 잘못된 생각을 한다고 "왜 그렇게 생각하니?" "누가 그러던?" "네가 유별나게 생각하는 거다" "네 생각이 틀렸어"라고 말하는 것은 위험하다. 아이의 사고 자체를 지적하면 오히려 부모에게 이해받지 못한다는 반감만 불러올 수 있다.

아이의 잘못된 생각을 지적하기 전에 자녀와의 관계부터 점검해야 한다. 아이가 내 말을 얼마나 신뢰하고 따를지, 그만큼 친밀한지가 중요하다. 서로에 대한 애정이 있어야 직면할 수 있다. 부모에 대한 애정이 없는데 부모가 자신의 잘못된 생각을 콕 집어 이야기한다면 아이는 부모가 자신을 비난한다고만 받아들이고 오히려 화가 난다.

아이의 생각을 바꿔 주려면 먼저 마음이 닿아야 한다. 명심할 점은 부모가 자녀의 감정에 먼저 충분히 맞장구쳐준 다음에 자녀의 인지적인 오류를 이야기하는 것이다.

게다가 자녀의 인지적인 오류를 찾아내는 게 쉬운 일은 아니다. 그럼에도 친구에 대해 어떻게 생각하는지 이야기를 나누고 어떤 생각이 떠오르는지 아이의 자동적인 사고과정을 점검해보자. 다른 친구와 관련되는 상황에서 순간 어떤 생각이 떠오르는지 아이에게 묻자. 그리고 이것이 합리적인지 살펴주자. 아이에게 잘못된 사고가 있다면 이것을 알려 주고 바꾸도록 도와야 한다.

만일 아이에게 심한 정서적 상처가 있다면 상황을 현실적으로 인지하지 못하기도 한다. 감정이 사고를 방해하고 있기 때문이다. 이런 경우, 무조건 아이의 대인사고를 고치려 들기보다는 먼저 심리 치료를 적절히 해야 한다. 아이에게 심리적 안정감이 생길 때 비로소 왜곡된 사고를 바로 보고 다룰 용기도 생긴다. 특히 비현실적인 사고는 병리성의 대표적인 지표가 되니 아이의 왜곡된 생각으로 우려가 된다면 전문가의 도움을 꼭 받기를 바란다.

친구랑 싸우면 엄마나 선생님에게 이르기만 해요. 아이 혼자 어떻게 대처해야 할지를 전혀 몰라요.

사회적 갈등을 스스로 대처하기

삶의 길에서 생기는 문제들을 아이 스스로 잘 해결할 수 있다는 확신은 언제부터 생길까? 잘하지는 못하더라도 혼자 자기 자신의 문제를 해결해야 하는 시기는 분명 초등학교부터다. 초등학교 입학은 사회의 입문이다. 부모가 아이의 대변인으로 해주는 일이 줄어들 수밖에 없다.

아이가 학교에 가서도 문제가 생길 때마다 엄마만 찾는다면 어떨까? 이 아이들은 친구 문제를 스스로 평가할 수 있지만 어떻게 해결할지는 생각하기가 어렵다. 친구가 자기를 속상하게 만든 요인은 명확히 알고 그로 인한 부정적인 감정도 잘 이해하지만 스스로 어떻게 해결해야 하는지를 배우지 못했다.

이것은 '친구 문제를 어떻게 대응할 것인가?'에 대한 답으로 여전히 '선생님이나 엄마 같은 어른들의 판단이 중요하다'는 생각이 밑바탕에 깔려 있기 때문이다. 누군가 자신의 친구 관계를 해결해주길 바라는 의존적인 모습이다.

어릴 때는 방법을 몰라서 그럴 수 있지만 초등학교 3학년이 되어서도 이렇다면 사회성의 문제가 있다고 볼 수 있다. 아이 스스로 해결하려다 안 되는 부분을 부모와 의논하는 건 당연히 할 수 있다. 하지만 자신이 어떻게 반응할지 몰라 매사 어른들에게 이르는 건 무의식적인 의존이다. 이렇게 되면 독립성이 자라지 못해 사회성을 키우는 데 방해가 된다.

부모가 알아야 할 점

선생님이나 부모가 아닌 아이 자신의 판단으로 사회적인 문제를 대처하려면 어떻게 스스로 해결해 가는지를 아이가 어릴 적부터 꾸준히 배워야 한다.

대인관계 상황에서 생긴 문제나 감정을 해결하기 위해 먼저 자신이 지닌 기술들, 일명 '대처자원'으로 무엇이 있는지 살펴봐야 한다. 상대와 싸울 만큼 신체적인 힘이 있는지, 싸우는 기술은 충분히 익혔는지, 상대에게 문제를 말로 잘 표현할 수 있는지, 감정을 친구에게 잘 전달하는지, 나를 도와줄 사람들이 누가 있는지 등을 생각해보는 것이다. 가끔 아이들이 자기가 대응하기 힘든 상대인데도, 자기한테 어떤 기술이 있는지를 잘 몰라 맞붙었다가 크게 다치는 일도 많다.

그런 위험한 일을 줄이려면 자신의 대처자원들을 고려해 행동할 때 어떤 결과가 나올지를 반드시 생각해봐야 한다. 만약 내가 힘이 충분해 상대를 힘으로 제압한다면 이후 결과에 어떤 장단점이 있을지 생각하는 훈련도 필요하다. 힘으로 이겼을 때 친구보다 힘이 세다는 자긍심이 생길 수도 있지만 자칫 친구가 다치거나 자만심으로 폭력적인 성향이 커질 우려도 있다. 이런 장단점을 고려해 어떤 기술을 활용해야 쌍방에게 유익할지 결정해야 한다.

여기서 부모님들이 꼭 알아야 하는 점은 아이들이 친구 문제를 겪을 때 '문제에 초점을 맞추는 대처'를 하도록 돕는 거다. 이것은 갈등 해결을 중점으로 삼고, 갈등 원인이 무엇이고 그것을 어떻게 해결해 갈지에 대한 현실적인 방법을 가르치는 것이다. 일명 '문제해결 4단계'가 여기에 해당된다.

문제해결의 4단계

1단계	2단계	3단계	4단계
문제가 무엇인가?	문제를 어떻게 해결할 것인가?	선택한 방법대로 실천하는가?	결과는 어떠한가?
문제규명	해결방안 선택하기	실행하기	평가하기

문제해결의 단계를 이와 같은 틀로 제시한 까닭은 자녀가 접하는 다양한 관계 문제를 부모가 일일이 해결할 수 없기 때문이다. 그래서 아이 스스로 판단하는 기본과정을 알려 주고 이에 따라 갈등 해결 연습을 시키기 위해서다.

　일반적으로 부모들은 앞의 3단계는 잘 훈련시킨다. 그런데 실행 후 평가하기는 잘 이행하지 못하는 편이다. 이로 인해 아이에게 같은 문제가 반복된다. 무엇보다 가장 중요한 단계는 '평가하기'다. 반드시 아이가 선택한 대처방식이 실제 어떤 결과를 주었는지를 부모가 피드백을 해준다. 그리고 다시 수정한다면 어떤 부분이 잘못 이행되었는지 아이가 알도록 돕자.

부모가 하지 말아야 할 점

　그런데 문제가 해결되었다고 해서 감정도 싹 가라앉지는 않는다. 아이가 머리로는 정리되어도 마음은 여전히 무겁고 불편할 수 있다. 분노 감정은 많이 가라앉았다 해도 분노의 불씨까지 꺼진 건 아니다. 따라서 부모는 문제가 해결되었다고 해서 그에 따른 감정도 다 정리된 것처럼 아이를 대해서는 안 된다. "아까 다 끝난 일을 갖고 아직도 징징대냐?" "왜 이리 치사하게 구냐?" "뭐가 아직도 속상하냐?" "아직도 화를 내고 있니?" 같이 풀리지 않은 감정에 대해 비난해서는 안 된다.

　갈등 상황에서 꼭 배워야 하는 대처방식으로 '정서에 초점을 맞춘 대처'가 있다. 문제해결을 아무리 해도 감정은 쉽게 풀리지 않을 때가 많다. 한 번 받은 상처는 문제가 다 해결되었어도 감쪽같이 낫지 않는다. 느리고 더디게 흐르는 게 감정이다. 그래서 아이는 또래 갈등으로 상처받은 감정을 어떻게 풀지도 배워야 한다. 정서에 초점을 맞춘 대처란, 한마디로 갈등으로 생긴 부정적인 감정을 해소하는 노력을 말한다. 갈등에서 화가 나는 건 아주 자연스러운 것이다. 부모는 자녀에게 문제를 떠나 그런 감정을 잘 표현해 해소하는 방법을 알려 주어야 한다.

이러한 방법 중 어린아이들이 가장 많이 하는 방법이 판타지를 꿈꾸는 것이다. 아이들은 공상을 하며 갈등이 해결되는 상황을 상상하면서 대리만족을 느낀다. 가끔씩 하는 상상과 공상은 정신 건강에 좋다. 하지만 공상만 하고 현실적인 방법들을 찾지 않는다면 아이가 현실적인 문제해결에 어려움이 있어서일 수도 있다. 공상을 해소 수단이 아니라, 회피 수단으로 삼으면 현실에서 문제해결 능력을 배우기 어렵다.

불쾌한 감정을 잊고자 다른 일에 전념하는 방법도 있다. 아이들이 게임이나 TV 보기, 노래 듣기, 운동 등에 빠져 갈등에서 온 부정적인 감정을 잊으려 한다. 이것을 '주의 전환'이라 한다. 이 방법들은 일시적으로 격한 감정을 안정시키는 데 도움이 된다. 그 외 가장 많이 하는 방법은 '정서적인 발산'이다. 다른 사람에게 자신의 속상하고 불쾌한 감정을 호소하면서 푸는 것이다. 부모나 친한 친구들, 지인들이 이러한 역할을 해준다. 이들은 아이에게 '의미 있는 타자'인 셈이다.

한편 인지적인 방법도 있다. 일명 '인지적인 재구성'이다. 앞서 우리는 관계 상황에서 어떻게 의미를 추론하고 평가하는지에 따라 감정이 달라진다고 했다. 즉 사람은 어떤 생각을 했느냐에 의해 감정이 결정된다. 인지적인 재구성은 대인관계의 상황에서 순간 떠오르는 생각을 바꿔 보는 것이다.

예를 들어, 친구와 갈등할 때 무조건 피하거나 싸우는 반응이 아니라, 그 갈등에 담긴 의미를 찾거나 그 경험을 자신을 성장시키는 기회로 삼는다. '친구 갈등은 사회성의 중요한 교재다'라고 생각해 차분히 배우려 한다면 갈등으로 인한 부정적인 감정을 조금 줄일 수 있다.

이러한 감정의 대처방식은 사람마다 또 상황마다 다 다르다. 어떤 게 더 좋고 나쁘다 말할 수 없다. 다만, 아이들이 친구 갈등에서 느끼는 감정을 숨기지 않고 그런 감정을 적극적으로 해결하도록 부모가 격려하는 것이 중요하다. 그래서 아이가 스스로 친구 문제를 책임져야 할 몫이 있음을 알게 해주자.

이러한 아이들에게는 특히 혼자 해결하는 힘을 길러 주는 게 중요하다. 이와 동시에 혼자 해결하다 힘들면 언제든 부모에게 도움을 요청해도 된다고 알려 주자. 아이가 혼자 할 수 없는 것까지 책임지지 않도록, 아이가 혼자 할 수 있는 것과 아닌 것을 구분하도록 알려 준다.

관계에서 자신과 친구의 감정을
적절히 느끼고 표현하나요?

대인감정

  친구들과 문제가 생기면 툭하고 울어요.

내 아이는 울보, 감정 표현이 어려워요

부모는 아이들이 늘 밝고 좋은 면만 보고 자랐으면 하지만 아이의 기
분은 자연의 섭리처럼 다양함을 경험하고 표현하게 된다. 아이들이
어릴수록 많이 우는 건 자연스럽다. 자신의 억울함, 속상함, 불편한 마음들을
표현할 길이 없어 주로 울음으로 표현한다. 특히 유아기에는 우는 것으로 싫은
감정을 드러낸다.

특히 남자아이의 경우 당연히 많이 울어도 되는 나이인데도 남자라는 이유 때문에 우는 것에 더 민감해지는 게 우리나라 부모의 마음이다. 남자라면 당당하고 강해야 한다는 고정관념 때문에 우는 걸 나약함으로 연결 짓는다. 한편 아이가 우는 것 자체가 짜증스런 부모도 있다. 아이가 징징거리기만 해도 벌써 신경이 날카로워지고 화난다는 엄마도 꽤 있다.

부모가 알아야 할 점

사람들이 만나면 그에 따른 대인감정은 자연스럽게 나타난다. 사회성이 좋다는 것은 사람들 사이에서 생기는 대인감정을 이해하고 표현하는 능력이 좋다는 의미다. 아이가 이러한 대인감정을 잘 느끼고 반응하는지 부모는 살펴보아야 한다.

놀고 싶은 친구와 놀게 되면 기쁘고 즐겁다. 이러한 긍정적인 감정은 자존감을 높여 준다. 하지만 놀고 싶은 친구가 자신을 놀이에 끼워 주지 않거나 멀리하는 느낌이 들면 속상해지고 기분이 나쁘다. 이러한 긍정 감정과 부정 감정은 자기에 대한 평가에 영향을 준다.

대인관계에서 긍정적인 감정을 많이 겪을수록 자기존중감도 높아진다. 반대로 부정적인 감정을 많이 느끼면 대인관계를 위협적으로 받아들여 공포나 불안을 느낀다. 이것은 곧 사람에 대한 태도를 만든다. 자존감이 커지면 다른 사람을 신뢰하며 사랑하는 마음을 갖게 된다. 삶에서 행복과 불행을 주로 인간관계에서 느끼게 되고 또 그것이 자존감에도 영향을 준다. 그러니 자녀가 친구들과 친하게 지내며 긍정적인 감정을 많이 느끼도록 돕자.

또한 자녀가 상황에 맞게 감정을 느끼는지 살피자. 상황의 심각한 정도에 맞춰 아이 감정의 반응이 비례하지 않는다면 아이가 감정을 이해하고 표현하는 데 어려움이 있다는 증거다. 상황에 비추어 볼 때 아이가 감정을 지나치게 반응하거나 억제하는지 살펴보자.

부모가 하지 말아야 할 점

우는 아이에 대해 가장 하지 말아야 할 것은 우는 것을 막는 행동이다. 아이가 우는 것을 막는 이유는 '우는 것은 나쁘다'라는 생각 때문이다. 부모님들은 아마도 아이가 울면 진다는 생각이 드는 것 같다. 아이가 울기만 하고 자기 말은 제대로 못한다고 여긴다. 실제로 자주 우는 아이들은 뭔가 억울한 감정을 느끼는데 그런 감정을 적절하게 표현하는 방법을 잘 모를 때가 많다.

이럴 때는 아이를 충분히 울게 하고 자신이 하고 싶은 말을 다시 생각해서 이야기하게끔 격려한다. "울지 말고 말로 하란 말이야" 식으로 아이를 윽박지르면 아이에게 울음이 나쁘다는 메시지를 주고 아이가 스스로 문제라고 느끼게 만든다. 아이가 말로 잘 정리할 줄 알면 울 이유도 없다. 이런 아이들은 감정에 먼저 반응하고 자신이 왜 그런지도 잘 파악되지 않을 때가 많다. 감정에 민감한 아이들일수록 울음이 먼저 나온다.

울음은 속상한 감정을 혼자만 느껴 불안한 마음을 표현하는 방법이기도 하다. 위로가 필요하다는 말이다. 어릴 적엔 울면 부모가 달래 주었는데 아이는 그것을 여전히 바란다. 이런 경우 다른 사람의 관심을 끌고자 혹은 자신의 원하는 바를 얻으려고 우는 것이 많다.

부모는 아이의 이런 울음에 침착하게 반응하면서 아이를 어린아이처럼 대하지 않아야 한다. 아이의 속상한 마음은 이해하지만 그래도 할 일은 해야 하고 아이의 관계 문제를 부모가 대신 해결하지는 않는다고 알려야 한다.

우는 것 자체가 나쁜 건 아니다. 울음은 슬픈 감정을 드러내는 행위다. 기쁘면 웃듯 슬프면 우는 거다. 마음의 우울을 드러내는 걸 막으면 그 마음은 어떻게 표현해야 할까? 울음을 영혼을 씻는 행위라고도 말한다. 그만큼 울음은 슬픔을 흘려보내고 정신을 오히려 맑게 하기도 한다. 잘 울 수 있는 사람이 정신적으로 건강하다는 말도 여기서 나온다.

그렇지만 우는 것을 계속 방치해서도 안 된다. 특히 학교에 들어가면 우는 아이가 놀림의 대상이 되거나 관계에서 불이익을 당할 우려가 있다. 학교에 다니면서도 아이가 여전히 자주 운다면 먼저 아이가 친구들 앞이나 밖에서 우는 행동을 자제하는 연습을 하자. 다른 사람들이 아이의 또래에 기대하는 행동이 있기 때문에 그에 따라 자기감정도 조절해가는 법을 배워야 한다. 아이가 그것을 힘들어하면 잘 참고 오는 것을 많이 칭찬하고 집이나 엄마 앞에서는 우는 걸 허용해준다. 외부에서 집으로 변화의 영역을 넓혀 나간다.

또한 크게 엉엉 우는 대신 흑흑거리며 속으로 삭히는 모습으로 울음을 줄이는 연습도 해본다. 울음을 줄여 가는 대신에 아이가 속상함을 충분히 이야기할 수 있도록 격려하고 들어 준다.

다른 친구와 공감하는 게 힘들어요. 드라마도 좋아하지 않고 문학 작품 등을 꺼려요.

자신만의 세계로 친구와 어울리지 않는다

아이가 부모에게 얻는 안정감은 세상에 대한 자신의 불안을 이해해주는 공감에서 시작되지 않을까? 엄마 배 속과는 다른 세상에 대한 두려움에 대해 부모가 품에 안아 달래고 먹이고 보듬는 행동에서 아기들은 안정을 느낀다. 그렇게 사람은 태어나면서부터 공감을 받으며 삶이 시작된다. 그런데 이 공감이 잘되지 않는 아이들이 있다.

이 아이들은 수업 시간에 좋아하는 과목에는 혼자 아는 척을 너무 많이 하고 싫어하는 과목은 딴청을 피워 수업을 방해한다. 친구들과 함께하는 모둠활동에서도 하고 싶은 대로 안 되면 협조하지 않고 딴지를 건다. 혼자 하는 과제는 자기 방식으로 해서인지 문제가 적은데 꼭 모둠활동을 하면 갈등을 일으킨다. 친구들이 하는 유행어나 노래도 거의 모르고 맞장구도 안 친다.

이것은 자기밖에 모르고 친구들과 교감이 없는 모습이다. 이 아이들은 사람 사이의 마음을 제대로 느끼지 못하고 나눌 줄 모른다. 사람이 사람을 찾는 이유는 각자의 외로움을 극복하고 하나가 될 수 있는 '공감'에 있다. 공감은 사람들 간의 거리를 좁히고 외로움을 잊게 하는 치유활동이다. 따라서 대인관계에서 느끼는 감정을 잘 나누는 능력은 매우 중요하다.

사람을 좋아하는 성향도 아니고(낮은 대인동기), 사람에 대한 기대도 별로 없는(낮은 대인신념) 아이들은 대인감정에도 무딘 편이다. 대인감정을 느끼려면 직접 경험해야 한다.

공부하는 지능과 관련해서 IQ가 있듯이 사람 간의 정서에 관해서도 정서지능(emotional intelligence)이 있다. 정서지능에는 자신과 다른 사람의 정서를 평가하고 표현할 줄 아는 능력, 자신과 다른 사람의 정서를 조절하는 능력, 자신의 삶을 계획하고 성취하기 위해 정서를 사고나 행동에 대한 정보로 활용하는 능력이 들어간다. 정서지능을 연습할 때는 다음과 같은 4단계로 해보자.

첫째 단계는 '정서 지각'이다. 자신이나 다른 사람의 정서를 느끼고 표현하는 것이다. 내가 놀라고 있는지 친구는 겁먹고 있는지 등 감정을 말로 표현할 수 있다.

두 번째 단계는 '정서 통합'으로 정서로 느낀 신호를 인지해 관련 정보를 정리하는 것이다. 내가 놀랐다면 이렇게 놀랐던 감정이 언제 적 경험과 비슷한지 떠올려 본다.

세 번째 단계는 '정서 이해'로, 대인감정을 상호작용 속에서 혹은 상황에 맞게 해석하는 것이다. 지금 내가 놀란 것은 '친구가 학교 밖에서 하는 행동과 지금 학교에서 하는 행동이 달라서' 식으로 그 이유를 설명한다.

네 번째 단계는 '정서 관리'다. 이러한 대인감정이 주는 의미를 찾아내 자신을 성장시키도록 활용한다. 친구의 이중적인 행동이 나를 당황시키고 앞으로 학교 밖과 안에서 친구의 모습에 나는 어떻게 반응해야 하는지, 친구는 왜 그렇게 행동할 수밖에 없는지를 생각하면서 친구와의 관계를 고민한다.

부모가 자녀의 모든 관계를 이렇게 가르쳐 주기는 쉽지 않을 것이다. 그러나 부모의 감정에도 별로 관심이 없는 아이라면 더더욱 부모가 시간을 마련해 대인감정에 대해 공부해야 한다. 부모와 집중해서 감정을 느끼고 무슨 감정인지 생각해보는 시간이 다소 억지스러워도 이들에게는 필요하다. 그렇지 않으면 대인감정이 거의 자라지 않을 수 있기 때문이다.

부모가 하지 말아야 할 점

아이가 알아서 친구를 잘 사귀고 기분 좋은 경험을 하리라는 기대를 버려야 한다. 친구란 즐거움도 주지만, 자기 것을 양보하고 포기하는 아픔도 함께 주는 존재다.

아이에게 가르치기 가장 힘든 영역은 사회성이다. 그렇다고 부모가 미리 겁먹을 필요도 없다. 책으로 간접 경험도 가능하지만 그것은 한계가 분명 있다. 아이들의 사회성이 자라기 위해서는 직접적인 상호작용이 필수다. 상호작용의 대상을 단계별로 접근하는 게 좋다.

첫 번째 상호작용의 대상은 부모다. 부모가 아이들과 상호작용하며 놀아 주는 것으로 아이들은 정서와 사회성을 키워 간다. 그러니 부모랑 노는 시간이 절대적으로 필요하다. '부모와의 놀이'로 아이는 다양한 감정을 경험하고 부모라는 대상과 상호작용하며 다른 사람과의 교류를 경험한다. 이때 부모가 아이의 놀이에 즐거워할수록 아이는 쉽게 공감을 배운다.

두 번째 상호작용의 대상은 아이보다 나이가 많거나 적은 사람들이다. 부모 외의 사람들과도 교류해야 한다. 부모처럼 자신을 받아 주는 사람들을 만나며 그들의 다양한 반응을 통해 부모와는 다른 방식으로 소통하는 법을 배운다. 이를테면, 아이가 크고 동생이 태어나면 자기 말을 잘 따르는 동생과 함께 노는 재미를 경험한다.

마지막으로 상호작용의 대상은 친구다. 친구는 가장 재미있으면서도 어려운 대상이다. 같이 노는 즐거움을 가장 강렬하게 알려 주는데 상처도 많이 주는 대상이다. 친구는 자신의 또 다른 자아가 되어 자존감에 영향을 주기 때문이다. 이를 위해 긍정적인 친구 경험을 많이 쌓아 아이가 행복해지도록 부모가 도와야 한다.

아이는 친구를 통해 동시대를 살아가는 사회적 기술을 가장 많이 배운다. 그래서 친구들과의 놀이 경험은 절대적으로 중요하다. 친구의 마음을 알고 느끼는 데 책은 한계가 있다. 함께하는 경험이 필요하다.

혼자 잘 노는 아이들일수록 친구가 힘겨울 수 있다. 친구랑 마음을 맞추는 게 어려워서다. 아이가 상대의 마음을 보게 하려면 친구와 많이 놀면서 왜 그러는지를 고민하게 해야 한다. 그런 고통 없이 사회성이 저절로 얻어지지 않는다. 지적 능력을 위해 꾸준히 공부하듯이 사회성을 위해 다양한 '친구들과의 놀이'가 필요하다.

대인관계에서
너무 즉흥적인 행동을 하나요?

대인행동

 다른 사람에게 자기 의견을 너무 표시하지 못해요.

결정장애라고 불리는 아이

소극적인 행동을 하는 아이들은 문제를 별로 일으키지 않아 부모나 선생님들이 특별히 걱정하지는 않는다. 이 아이들은 자기 의사를 분명히 밝히기보다는 친구들이나 주변 의견을 따르는 걸 더 편하게 여긴다.

하지만 사춘기를 지나면서 이들 중 보기와 달리 무척 힘들다고 고백하는 아이들이 많다. 왜일까? 바로 어떤 상황이나 상대에 대한 이해가 한 발짝 늦어서 늘 뒤늦게 대응해 후회하는 일이 많기 때문이다. 그럼에도 이 아이들의 행동은 쉽게 바뀌지 않는다. 늘 뒤늦게 판단하고 타이밍에 맞지 않게 감정이 올라와 힘들어한다.

대인행동이 소극적이라는 건 자신의 감정과 의사를 우회적으로 표현한다는 뜻이다. 이러한 모습은 문화나 나이 차이로 인해 나타나기도 한다. 우리나라는 자신의 긍정적 또는 부정적인 감정을 직접 드러내는 걸 버릇없다고 여기는 일도 많다. 하지만 요즘 젊은이들은 그런 태도에서 많은 변화가 있다.

부모가 알아야 할 점

이 아이들은 남들에게 좋은 이미지를 주고 싶어서 다른 사람을 신경 쓰느라 바로 표현을 못하는 것이다. 어쩌다 실수나 잘못을 하면 자기 민낯이 드러난 것처럼 창피해하고 난감한 상황을 빨리 수습하고자 아무렇지도 않은 것처럼 행동하려 한다. 이러한 억압 때문에 이 아이들은 소극적으로 행동할 수밖에 없다.

이런 아이들은 다른 사람들과의 관계에서 문제가 있다고 느껴지지 않는다. 다른 사람들을 힘들게 하거나 갈등하는 일이 거의 없기 때문이다. 다만 상대방보다는 자신의 진짜 모습을 억압해서 더 힘든 경우가 많다.

자기 의견을 내지 않고 이래도 좋고 저래도 좋은 모습이라 일명 '결정장애'처럼 보이게 행동한다. 여기에는 성향 탓도 있다. 사람들을 대할 때 소극적으로 행동하는 성향의 아이들이 있다. 혹은 자신이 선택한 결과를 책임지는 게 두려워서일 수도 있다. 혹은 책임을 지는 데서 실패를 많이 겪었을 수도 있다. 그래서 자존감에 상처를 받고 남들의 비난이나 비판을 꺼리게 된 것이다. 비난에 대해 민감한 사람은 자기애가 크다. 자기를 다치게 하고 싶지 않아서 그에 대한 방어책으로 자신을 지나치게 사린다.

자신이 잘못 선택하면 어떻게 하나를 너무 걱정하며 죄책감을 느끼는 아이라면 소극적으로 행동할 가능성이 높다. 죄책감은 도덕적인 평가를 말한다. 이것은 진짜 죄와 관련 없이 상당히 주관적으로 해석된다. 이 죄책감으로 말미암아 다른 사람들을 배려하기 때문에 남들 눈에는 매우 친사회적으로 비춰진다. 즉 관계에서 편한 사람들이 된다.

그런데 간혹 자기 의견을 잘 표현하지 않는 아이들 중에 "미안하다"는 말을 달고 사는 경우가 있다. 다른 사람들이 자신을 잘 받아 주지 않을 거라 생각해 환심을 사고 싶어서 미안하다고 하며 갈등을 없애려 한다. 그러나 아이의 마음에는 사회적 불안이 높은 것이다. 과거에 어떤 무서운 경험을 해서 자신을 드러내지 않는 편이 안전하다고 학습된 모습이다.

부모가 하지 말아야 할 점

아이에게 "왜 그렇게밖에 행동하지 못하냐?" "내숭이다" "결정장애냐?" 같은 말을 삼가야 한다. 그러면 아이는 도덕적으로 '내가 잘못했구나'라고 느낀다. 특히 성격에 대해 지적을 받으면 아이는 더욱 죄책감에 시달린다. 죄책감을 많이 느끼는 아이라면, 성격 특성을 평가하지 말고 상황이나 문제에서 구체적으로 어떤 행동이 잘못되었는지 파악하게끔 도와야 한다. 아이가 잘못된 행동을 했다면 용서를 구하고 그에 따른 보상을 해야 한다. 합당한 죄책감을 느끼는 것은 당연하다. 문제는 만성적으로 죄책감을 느끼는 것이다. 잘못이 없는데도 늘 자신이 잘못한 것처럼 느낀다면 이것은 고쳐야 한다. 이를 위해 아이가 어릴 때부터 인격적으로 꾸짖지 않아야 한다.

아이가 자기표현을 자꾸 숨긴다고 해서 내숭을 떤다고 비난하지 않도록 주의한다. 이런 아이들 가운데 부끄럼이 많은 아이들이 있다. 이런 수줍음은 일종의 사회적 불안이다. 사회적 불안을 줄이고 싶어서 자꾸 다른 사람들에게 미안하다며 수줍음을 숨기려 할 수 있다. 만약 아이가 자기가 잘못한 것도 아닌데 자꾸 미안하다고 한다면 이것을 착한 행동으로 해석하지 말아야 한다. 그것은 정당하게 자신을 드러내지 않고 남에게 맞추며 관계를 회피하는 모습일 뿐이다. 오히려 잘못하지 않은 것에는 미안해할 필요가 없다고 아이에게 가르쳐 주어야 한다.

아이가 수치심을 느껴서 조심스럽게 행동한다면 "네가~해서 엄마가 부끄럽다" 같은 평가나 "그것밖에 못하면 나가라" 식의 협박은 금물이다. 부모에게서 거부당했다는 수치심을 더 자극할 뿐이다.

부모는 아이의 진짜 속마음을 읽으려는 노력이 필요하다. 아이가 다른 사람들의 눈치를 보느라 소극적으로 행동한다면 그것이 자기를 위한 것인지 남을 위한 것인지 구별하자. 만약 남을 위한 거라면 자발적인 행동인지, 어쩔 수 없이 하는 행동인지를 구별한다. 후자라면 그런 행동은 하지 않는 게 좋다고 아이에게 알려 주자. 그래야 아이가 자존감을 잃지 않으면서 행동하는 방법을 배울 수 있다. 아이에게 이기적인 모습이 결코 잘못된 게 아니라고 가르쳐 주는 것도 필요하다.

✺ ✺ ✺

아이가 화가 나면 폭발하고 어찌할 바를 몰라요.

충동적으로 행동하다

인간관계에서 행동이 너무 느린 것도 문제지만 너무 즉각적이어도 문제가 된다. 친구에게 좋은 것이든 나쁜 것이든 바로바로 표현하는 아이들이 있다. 솔직하고 자기감정에 충실한 모습은 좋지만 친구의 농담에도 발끈하며 다투는 일도 많다. 자기 맘에 들지 않은 말이나 행동을 하는 친구를 참거나 이해해주지 못한다.

아이는 자신의 이런 행동이 주변 사람들을 얼마나 힘들게 하는지 모르고 자기감정만 생각한다. 자신을 말리는 부모에게 "화가 나는데 그걸 어떻게 참냐?"며 성을 낸다. 가는 곳마다 갈등을 겪어 주로 쌈닭이라고 비유된다. 누가 건들면 바로 터지는 아이들이다.

부모가 알아야 할 점

인간관계에서 나오는 행동들은 대부분 반응적이다. 상대가 보이는 모습을 통해서 내 행동이 정해지고 내 행동을 보고 상대도 어떤 행동을 한다. 그리고 우리의 행동은 상대에 대해 느끼는 감정에 따라 결정된다.

다른 사람들의 시선이나 이목들을 생각해 자신의 행동을 참는 사람이 있는 반면 자기감정에 충실해 주변을 생각하지 않고 바로 말과 행동으로 나가는 사람도 있다. 자신의 기분이 나쁘다며 욕도 하고 화난다고 친구를 밀치거나 물건을 던지기도 한다. 이런 행동들이 상대에게 어떤 작용을 할지는 이들에게 중요하지 않다.

이들이 이렇게 즉각적인 행동을 하는 이유는 참을 수 없는 분노 때문이다. 자존감에 상처를 입었다고 판단되면 벌컥 화를 낸다. 자신이나 자신의 것이 무시당했다, 모욕당했다고 느낄 때 생기는 감정이다. 그런 감정에 사로잡혀서 충동적으로 행동하면 상대에게 경솔하게 비춰질 수 있다.

화가 날 때도 주로 공격적인 행동을 하는데, 다른 사람의 물건이나 신체를 손상시키거나, 상대의 인격을 비하하는 말과 태도를 보인다. 또는 상대의 목표를 방해하고 좌절시킨다. 이를테면, 친구들이 다 해놓은 작품이나 활동들을 망가뜨리거나, 자기 분에 못 이겨 욕하고 아이들이 가장 싫어하는 패드립(부모나 가족에 대한 욕)도 한다.

부모가 하지 말아야 할 점

이 아이들의 문제는 주위도 알고 자신도 안다. 아직 사회적 관계를 충분히 겪지 않은 어린아이일수록 즉각적인 행동을 많이 한다. 그러다가 여러 사람들과 관계를 맺어 가며 아이는 자신이 어떻게 행동해야 하는지를 살피게 된다. 그런데 그 과정에서도 아이의 속흥적인 행동이 줄지 않으면 문제가 된다.

이 아이들에게 설레발치듯이 행동을 꾸짖는다고 해서 이런 행동이 바뀌지는 않는다. 오히려 자신은 그렇게 나대는 아이라고 더 인식해버린다. 아이에게 즉각적인 행동이 있음을 아는 게 먼저고, 아이도 부모도 그 모습을 인정하고 그 행동으로 인한 피해를 줄이는 데 초점을 맞추자.

즉각적으로 행동해서 기분이 좋은 상황도 있다. 좋은 감정에서 나온 행동은 상대를 기분 좋게 해주고 분위기를 더 활발하게 만든다. 부정적인 감정을 느낄 때의 행동도 매번 문제되는 것은 아니다. 오히려 솔직해서 문제해결을 더 빨리 할 수도 있다. 다만 아이가 상대에 따라 이런 행동이 어떻게 비춰질지를 이해하도록 도와야 한다. 이들의 솔직한 행동은 좋은 면이지만 다른 사람에게 경솔하게 비춰질 수 있어 주의를 주어야 한다.

특히 화처럼 부정적인 감정을 느꼈을 때는 '생각하고 행동'을 하도록 격려한다. 그런 점을 비난하기보다 부족한 부분으로 이해하고 도울 방법을 찾아야 한다. 화나는 감정은 문제가 아니나 화날 때 느끼는 강한 공격성은 상대방에 대한 태도이기 때문에 문제가 된다. 화가 나도 상대를 공격하지 않으면서 전할 수 있는 방법을 같이 찾도록 한다.

가장 쉬운 방법으로는, 공격적인 행동이 나오리라 판단될 때 아이가 그 자리를 떠나도록 가르치는 것이다. 이것은 지는 게 아니라 화를 다스려 이기는 방법이라고 알려 준다.

그런 다음, 화를 가라앉히고서 자신의 화를 표현할 현실적인 방법을 생각하도록 알려 준다. 먼저 분노를 일으킨 개인적인 의미를 찾는다. 지금 일어난 사건은 하나의 방아쇠인 경우가 많다. 진짜 이유는 다른 데 있을 수 있다. 예를 들어, 동생이나 약한 친구에게 쉽게 폭발하는 아이들은 부모나 힘센 사람에게 받은 화를 제 3자에게 대치해 표현하는 경우도 많다. 혹은 부모 말을 건성으로 듣거나 행동을 바꾸지 않음으로써 자신의 화를 표현하기도 한다.

아이가 사람을 대하는 행동은 부모를 모방했을 가능성이 많다. 부모가 어떤 대인감정을 느끼고 어떻게 행동하느냐를 보고 아이도 긍정적인 감정에 대한 행동, 부정적인 감정에 대한 행동을 모방한다. 화나는 행동도 그대로 부모를 닮아 있다. 부모가 자신의 행동을 점검해야 하는 중요한 이유다.

아이가 흥분했을 때 주변을 소란스럽게 만든다면 주의력 문제가 있지는 않은지 살펴야 한다. 아이의 주의력이 떨어지는 경우, 감정조절에 어려움이 있고 충동적이고 산만한 행동을 한다. 만일 ADHD라면 그에 맞는 특별한 이해와 접근이 필요하다.

7

아이의
사회성에서
부모가 자주 묻는
그 외 질문들

− FAQ −

자녀의 친구 갈등에
어떻게 대응해야 하나요?

자주 싸우는 친구와 만나게 해야 하나요?

아이가 너무 자주 싸우면 부모도 고민할 수밖에 없다. 이럴 때 '아이가 그 친구를 만날 때마다 싸우고, 놀고 나면 더 기분이 나빠지는가?'를 물어보자. 그렇다고 한다면 아마 아이가 그 친구와 맞지 않는 것일 수 있다. 그럴 경우, 아이가 그 친구와 계속 노는 것은 별로 좋지 않다.

우리는 자주 만나는 사람에게서 얻는 감정이 우리 뇌에 보관된다. 내게 즐거움을 주는 친구와 좋은 추억이 많으면 아이는 관계에서 긍정적이고 안정적인 감정을 떠올린다. 반면 자주 노는 친구와 자꾸 갈등이 있고 힘겨운 관계라면 부정적인 감정을 일으켜 사람에 대한 반감이 생길 수도 있다. 만일 아이가 놀 친구가 그 친구밖에 없다 해도 아이가 스트레스를 많이 받는다면 차라리 안 노는게 나을 수도 있다. 아이가 먼저 그 친구를 찾지 않는다면 놀리지 않는 게 낫다.

그런데 아이가 그 친구와 싸우면서도 또 놀려고 한다면 같이 놀려도 괜찮다. 아이가 그 친구와 다투어도 즐거운 상태이고 내 아이에게 견딜 힘이 있기 때문에 같이 놀려는 거다. 사실 아이들은 싸울 때뿐이고 뒤돌아서면 언제 그랬냐면서 같이 논다. 아이들은 놀면서 잊는데 오히려 부모가 뒤끝이 남는다. 내 아이를 불편하게 만든 아이가 얄밉고 속상하다. 그래서 부모가 먼저 선을 그어 버리려 한다. 아이가 찾는 친구라면 큰 문제가 있는 친구가 아닌 한 부모가 탐탁지 않아도 놀게 한다.

친구끼리 싸우지 않고 친하게 지낼 수 없나요?

가끔씩 이런 질문을 받는다. 자꾸 다투는 아이 때문에 힘든데 친구와 싸우지 않고 잘 놀 수 없는지. 아이가 그렇게 놀고 싶어 해서 친구와 붙여 주면 얼마 지나지 않아 자꾸 다퉈서 골치가 아프다는 거다. 부모 입장에서는 왜 이렇게 다퉈서 나를 피곤하게 만드나 싶은 생각이 절로 든다.

그런데 유달리 아이의 싸움을 불편해하는 부모가 있다. 아이가 갈등을 일으키는 행동을 하면 부모는 무척 당황한다. 심한 경우 아이가 적절하게 잘 대응해서 싸웠어도 남을 불편하게 만들었다며 아이를 꾸짖는다. 이런 부모는 아이를 세고 거친 아이라고 몰아붙이고 질책한다. 친구에게는 폐를 끼쳤다며 지나치게 미안해한다. 보통 이런 부모는 자신이 다투는 것을 잘하지 못한다.

인간관계의 진리 중 하나는 '관계에서 싸움은 자연스러운 현상'이라는 점이다. 사람들은 자기중심적인 속성이 있기 때문에 다투고 갈등이 있을 수밖에 없다. 싸우면서 서로 알아간다. 친구 관계가 좋은 아이들이 항상 남과 잘 지내 문제가 없을 거라는 생각은 정말 신화에 불과하다.

모든 인간관계에는 끊임없이 갈등을 겪는다. 인간관계는 늘 친밀하고 안정된 상태가 아니라 끊임없이 변화하는 역동적인 상태이기 때문이다. 인간관계가 변하며 우리는 희로애락의 감정을 경험한다. 중요한 건 친구 문제가 있고 없고가 아니라 이것을 어떻게 해결하느냐다. 관계 속에서 경험한 감정을 잘 풀어가는 걸 알고 행동했는지다.

자녀의 일상적인 친구 갈등에 부모는 어떻게 대응해야 하나요?

부모는 자녀들의 싸움에 개입하지 않는다는 원칙을 갖는 것이 좋다. 유아기 아이라면 스스로 중재하지 못해 부모가 도울 수는 있으나 아동기에 들어서면서 점차 개입을 줄여야 한다. 아이의 요구에 매번 참견하면 아이는 부모에게 의지하려고 하고 스스로 문제를 해결하는 힘을 기를 수 없다.

부모가 자녀의 싸움이나 갈등에 대해 이야기를 듣고 어떻게 해결하고 싶은지 아이에게 묻는다. 자녀가 원하는 방법이 무엇인지, 과연 결과가 어떻게 될지 생각하는 훈련을 한다. 아이에게 이후 그렇게 결정한 대로 해보니 어떠했는지 물어보자. 부모가 해줄 수 있는 방법은 여기까지다. 자녀가 직접 가서 친구들에게 그 방법을 시도해볼 수밖에 없다.

하지만 자녀가 너무 힘들다며 부모에게 도와 달라 할 때는 전혀 다른 상황이다. 위급하거나 심각한 문제라면 어른들의 개입이 필요할 수 있다. 상해가 있거나 물건 갈취, 따돌림 등의 이야기는 절대 가볍게 넘겨서는 안 된다. 이 경우 학교 선생님과 즉각 연락해서 어떤 상황인지 살피고 만약 학교에서 모르고 있다면 아이가 심각하게 받아들이는 건지 아니면 학교에서 제대로 살피지 못하는 건지 정확히 알아봐야 한다.

만약 아이가 친구나 상대 부모를 직접 만나 달라고 요청한다면 아이 마음을 달래면서 우선 담임선생님과 이야기해보고 만나겠다고 한다. 간혹 자녀들 중에는 담임선생님이 아무것도 모른다며 전혀 자기편이 되지 못하니 바로 상대 친구나 부모를 만나서 자신을 변호해 달라고 부탁하기도 한다. 하지만 부모들끼리 만나서 문제가 더 복잡해지는 일이 많다. 상대 부모의 성숙한 정도에 따라 반응은 천차만별이다. 따라서 담임선생님을 중재자로 세우는 것이 훨씬 안전하다. 미비한 싸움이라면 담임선생님께 여쭙고 상대 부모와 직접 이야기하라고 할 경우에 만난다.

자녀의 SOS 신호에는 민감하게 반응해야 한다. 그래야 아이들이 학교에서 있는 친구 문제를 부모에게 솔직히 나눌 수 있다. 아이가 힘들어 한다면 상황을 적극적으로 살펴보려는 태도가 중요하다.

자녀의 사회적 갈등 모습이 심각한 문제인지 아닌지를
어떻게 구별할 수 있나요?

사회성 문제로 상담실을 찾는 엄마들이 궁금해하는 것 중 하나는 아이가 보이는 친구 문제의 심각한 정도다. 그냥 두면 해결될 수 있는 문제인지 아니면 자녀에게 큰 상처로 남을 수 있는 문제인지 궁금하다.

이것을 알기 위해서는 먼저 아이의 갈등이 일상적인 수준인지 아니면 심각한 수준인지를 구별해야 한다. 전자라면 아이 스스로 극복하도록 곁에서 지지만 해도 좋다. 부모의 개입이 오히려 독이 될 수도 있다. 하지만 후자라면 방치되었을 때 장기간 문제가 쌓여 사회적 어려움이 심한 장애를 만들 수도 있다. 친구 관계의 어려움은 곧 자존감에도 영향을 준다. 학업에도 방해가 되기에 학교 전반의 어려움으로 커질 수도 있다.

사회적 문제(social relationship problem)의 심각성을 알 수 있는 몇 가지 신호가 있다. 첫째는 통계적인 기준에서 보통 아이들의 나이와 비교해 적합한 행동인지를 본다. 친구끼리의 갈등 정도가 내 아이의 또래에서 보일 수 있는 모습인지 아니면 너무 어리거나 성숙해서 나타나는 양상인지 살펴본다.

두 번째는 아이가 인간관계 속에서 느끼는 '주관적인 불편함'이 어느 정도인지 본다. 즉, 부정적인 감정 특히 불안, 우울, 분노, 외로움, 좌절감 등을 아이가 참기 어려울 정도로 느끼는지를 본다. 주관적인 불편함이 지나치면, 무서워도 너무 무서워하고 우울해도 심하게 우울해하는 등 일반 사람들이 느끼는 강도에 비해 세게 느낀다. 또한 그 불쾌한 감정이 장시간 지속된다. 1-2시간이면 풀려야 할 화가 하루, 이틀이 지나도 풀리지 않는 식이다.

또한 불쾌감정을 느끼지 말아야 할 상황에도 그러한 감정을 느끼기도 한다. 예를 들면 자기 목소리가 너무 커서 많은 사람들이 자기를 주목하는 것이 두려워서 기어들어 가는 목소리로 말하거나 아예 말하지 않는다. 또는 화가 나면 아무것도 못해 수업 중에도 밖으로 나가려 한다거나 친구들이 뭐라 할까 봐 절대 발표를 안 하려는 모습을 보인다.

세 번째로는 '규범적인 기준에서 일탈한 정도'를 볼 수 있다. 모든 사회에는 상황에 맞는 적절한 행동양식이 있고, 지켜야 할 행동규범이 있는데 아이가 이를 무시하거나 부적절하게 행동하는지를 본다. 예컨대 노인을 공경하는 동양 문화권에 사는 우리는 연장자에 대한 예의가 매우 중요하다. 그런데 이런 예의를 무시해서 기성세대 부모와 신세대 자녀가 갈등하기도 한다.

네 번째로 친구 관계에서 보이는 '역기능적 모습'을 기준으로 살펴본다. 아이가 친구랑 친해지려 하는 행동이 오히려 친구들을 떠나게 하는 결과를 만들기도 한다. 친구가 좋아서 마구 껴안았는데 친구들이 불편해하고 오히려 놀림을 받는 경우도 이에 해당된다. 친구와 놀고 싶은 아이의 욕구가 상대에게는 정반대로 해석되어 친구를 괴롭힌다고 여겨진다. 그러면 아이는 친구들이 자기를 미워한다고 받아들여 점점 피해의식이 쌓인다. 그러면서 관계에 대한 불만이 높아지고 공격적인 태도로 바뀐다. 그러면 친구들과는 더 멀어져 간다.

비정상에 가까울수록 이 4가지 기준에서 벗어난 모습이 된다. 아이가 4가지 요인 중 하나라도 해당되면 부적응적인 인간관계일 가능성이 높다. 정상과 비정상은 연속적인 스펙트럼 속에 있다. 아이에 따라서 정상과 비정상의 경계에 머물기도 한다. 정확하게 문제의 정도가 정상과 비정상 사이 어디에 머무느냐는 전문가의 판단이 요구된다.

아이가 가해자가 되었을 때는 어떻게 해야 하나요?

생각지 못하게 자녀가 가해자가 되는 상황이 생기면 부모도 곤혹스럽다. 처음 아이의 문제를 아는 것도 힘들지만 자꾸 가해자로 다른 부모들의 항의나 담임선생님의 지적을 들으면 부모도 점점 노이로제에 걸리는 듯하다. 아이가 가해자가 되었다는 연락을 받으면 부모는 이에 대해 아이를 닦달하지 말아야 한다. 아이에게 무슨 잘못을 했냐며 들어 보지도 않고 자녀를 일방적으로 죄인 취급부터 해서는 안 된다.

아이가 하는 이야기를 들어 보고 동시에 담임선생님이나 상대, 혹은 제 3자의 이야기를 다 들어야 한다. 문제가 생겼다고 연락이 오면 바로 담임선생님과 의논해야 한다. 당사자끼리만 만나는 것은 최대한 피하자. 가해자가 아이 혼자가 아니라면 책임 소재를 누구에게 줄지로 가해자들끼리도 반목이 생기기도 한다. 이럴 때 서로 탓하면서 교묘히 빠져나가는 경우도 많으므로 여러 가해자가 있을 때는 먼저 잘못을 시인하는 것보다 진행이 어떻게 되었는지를 제대로 파악할 필요가 있다. 자칫 내 아이는 곁에 있었을 뿐인데 주범으로 몰리는 경우도 있기 때문이다.

만약 아이가 가해자로 확인되었다면 담임선생님의 중재로 피해자 부모님을 만나서 공식적으로 미안함을 표현하고 적절히 보상하는 것이 좋다. 그리고 아이가 직접 상대 친구에게 미안함을 표현해야 한다. 자존심이 상해도 잘못에 대해서는 그렇게 행동해야 스스로 창피함을 느껴 더 이상 같은 잘못을 반복하지 않게 된다. 그리고 서로 화해하는 모습으로 마무리한다.

가해자가 받는 벌은 외부의 처벌보다 내면의 수치감을 더 느끼게 되는 벌이

어야 한다. 아이가 그런 경험을 통해 더 이상 초라해지지 않기 위해 잘못을 반복하지 않도록 만드는 게 좋다.

학교폭력위원회에 소환되지 않도록 가급적 빨리 가해자라고 주목되면 학교와 접촉해서 문제가 커지지 않는 선에서 중재안을 찾는다. 일단 학폭위가 열리면 경찰이 오고 아이들, 부모들의 상담 등이 이루어지는데 이 과정이 아이에게나 부모에게 상처가 된다. 학폭위가 열릴만 한 일이 아님에도 부모의 대처가 너무 늦거나 미약해서 크게 벌어지는 일도 있으니 가해자로 지명되면 더욱 발 빠른 대응에 주의하기 바란다.

아이가 피해자가 되었을 때는 어떻게 해야 하나요?

아이가 친구에게 맞고 왔거나 따를 당한 증거가 분명하면 부모가 바로 반응해야 한다. 간혹 피해를 당하고도 부모에게 이야기를 못하는 아이들이 있다. 부모에게 이야기하면 더 심하게 폭행할 거라 협박을 받거나 아이들에게 알려지는 것 자체를 꺼리는 것이다. 하지만 피해자 역할을 한 번 수용하면 아이들 사이에서 계속 피해자로 대해진다.

아이가 피해를 받은 경우에도 담임선생님께 바로 연락해서 중재를 부탁해야 한다. 가해자 부모를 개별로 접촉하지 말고 그런 문제를 개인적으로 해결하면 된다고 생각해 넘어가지 말자. 상대 부모가 어떠냐에 따라 억울하게 피해를 당하고도 잘못에 대한 인정을 받지 못하는 일도 생긴다.

담임선생님과 함께 모인 자리에서 아이가 당한 일에 대한 속상한 마음을 먼저 침착하게 전달한다. 그런 다음 아이가 당한 물질적, 정신적 피해를 어떻게 보상할지 선생님의 중재로 진행한다. 이 부분에서 상대가 미안해하니까 그냥 보상이 필요 없다거나 부모가 했으니 아이들끼리 직접 사과하는 건 안 해도 괜찮다고 여겨서는 안 된다. 무조건 좋은 게 좋다고 넘어가고 난 후 피해자 부모로서 억울함이 나중에 올라오는 경우를 많이 봤다. 특히 남과 갈등하는 걸 싫어하는 부모는 아이를 돕는 데 적극적이기보다는 상대를 이해해주어 일을 빨리 마무리하려는 특성이 있다. 일이 다 끝나고서 때늦은 후회로 그때 괜히 서둘러 해결했다며 몹시 속상해한다.

자녀와 선생님과의 관계를
어떻게 도와야 하나요?

선생님을 너무 무서워하는데 어떻게 해야 하나요?

학교에 들어가고서 담임선생님이 무섭다며 힘들어하는 아이들이 있다. 원래 겁이 많은 아이라면 목소리가 크거나 엄한 선생님에게 쉽게 겁을 먹는다. 또는 꾸중을 듣는 걸 몹시 싫어하는 아이들도 이런 두려움을 보인다.

학교는 부모 이외 제 3자의 어른과의 관계를 배우는 사회다. 아이들은 교장선생님, 교감선생님, 담임선생님 등의 서열을 사회체계로 경험한다. 아이들은 세상에 존재하는 서열에 따르는 법을 익혀야 한다. 아이에게 친절하고 상냥한 선생님도 있지만 무뚝뚝한 호랑이 선생님도 있다. 무서운 선생님을 부모도 자녀도 선택한 것이 아니다. 그렇게 사회에서는 내가 선택할 수 없는 상황도 맞닥뜨리게 될 수밖에 없다. 올해 만나는 선생님이 좀 무서운 분이라면 이런 선생님과 잘 지내는 법을 배워야 한다.

유아기 자녀이든 학령기 자녀이든 아이가 선생님을 무서워한다면 먼저 어떤 점을 무서워하는지 공감해준다. 부모도 그런 적이 있다면 힘들었던 경험을 나눈다. 혹시 규율에 엄격한 선생님이라면 지켜야 할 부분을 잘 따르면 내게 무섭게 할 이유가 없음을 알린다. 무엇보다 선생님은 사랑으로 돌보려는 마음이 있는 분이라 이해하고 선생님의 좋은 점을 아이에게 이야기해준다. 어린아이라면 평상시에 엄마나 다른 어른을 무서워하는 편인지도 살핀다. 어른과 친밀감이 잘 만들어지지 않은 아이는 어른이 마냥 무서울 수 있으니 말이다.

담임선생님을 싫어해요.
아이와 담임선생님이 잘 맞지 않는데 어쩌나요?

어떤 사람은 별로 만난 적이 없는데도 쉽게 친해지고 어떤 사람은 주는 게 없는데도 밉다. 담임선생님과의 관계도 그렇다. 아이와 선생님과도 궁합이 있다. 선생님과 마찰이 자주 생기면서 갈등을 일으키는 경우도 있고, 선생님은 아이를 달리 생각하지 않는데 아이가 선생님을 싫어하는 경우도 있다.

선생님과 직접 부딪히는 일이 많다면 선생님은 통제적으로 반을 통솔하는데 아이가 그런 지시를 싫어하는 경우다. 일방적으로 뭔가 요구하거나 하기 싫은 것을 시키는 것에 저항하는 아이들이 있다. 이런 아이를 못 견디는 선생님이라면 분명 갈등이 생긴다. 대표적인 예가 주의력이 부족한 아이들과의 관계다. 일명 ADHD(주의력결핍과잉행동장애)의 모습을 보이는 아이들은 그해 어떤 담임을 만나느냐에 따라 학교생활의 승패가 달라진다고 해도 과언이 아니다. 이들의 주의력이 떨어지는 면보다 창의적이고 에너지가 많은 면을 봐주고 격려하는 선생님과는 아주 좋은 관계를 맺는다. 하지만 규율이 중요하고 정리와 안정된 환경을 추구하는 선생님과는 갈등이 심하다. 선생님이 아이를 선생님의 권위에 도전하고 수업 분위기를 망치고 있다고 보고 아이에게 강압적인 제제를 주게 되기 때문이다.

선생님은 아이에 대해 긍정적인데 아이가 선생님을 꺼린다면 아이가 선생님을 통해 무엇을 느끼는지가 중요하다. 주로 부모와 갈등을 겪은 아이가 부모와 비슷한 성향인 선생님에 대해 무의식적으로 거부한다. 그래서 괜히 선생님이 자신을 싫어할 거라 생각해 밑도 끝도 없이 싫다 한다.

선생님과 잘 맞지 않는다고 판단되면 부모는 아이가 선생님에 대한 불편함을 부모 앞에서 이야기하는 걸 반드시 허용해야 한다. 세상에는 자신과 맞지 않는 사람도 있으니 선생님에 대해 아이가 그렇게 느낄 수 있다고 이해해준다. 그리고 학교에서는 선생님이 어른이기에 선생님에 맞추는 연습도 필요하다고 알려 준다. 자기 맘에 안 든다고 해서 마음대로 할 수 없는 게 사회다. 선생님이 아이를 얼마나 사랑하는지를 알려 주고 사랑의 방식이 어떻게 다른지를 알려 준다.

담임선생님에게 부당한 대우를 받았다면
어떻게 해야 하나요?

부당한 행동을 하는 선생님에게 자녀가 상처를 받는다면 어떻게 해야 할까? 무조건 교장실로, 아니면 교육청 홈페이지 등에 올려서 문제를 크게 하기보다는 실제 상황에서 어떻게 해결할지를 고민해야 한다. 윗선의 도움을 받는 것은 이런 현실적인 방법들이 통하지 않은 이후에 시도해도 늦지 않다. 바로 윗선으로 가버리면 선생님을 무시하는 행동이 되어 서로 감정 골만 더 깊어진다.

아이가 선생님에게 미움을 받거나 차별을 받는다고 느껴질 때 부모로서 서운하고 분한 마음이 생기는 건 당연하다. 선생님이 잘못했다는 증거가 분명할 때는 바로 대응해야 한다. 예를 들면 유치원이나 학교에서 상해가 있었음에도 아무 말씀이 없다면 바로 전화해서 상해 경위를 듣는다. 상해가 작아도 부모 마음에 그냥 넘어가기 힘들다면 바로 물어보는 게 좋다. 타이밍이 있어 시기를 놓치면 이미 지난 일을 물어보는 셈이 되어 더 뻘쭘해진다. 선생님이 그 일을 모르고 있었는지 아니면 알고도 알려 주지 않은 이유 등을 듣는다. 선생님과 다투려는 게 아니라 부모 입장에서 속상하다 싶은 건 바로 이야기해서 푸는 게 낫다는 말이다.

그런데 선생님과의 관계에서 아이가 불이익을 당했지만 심증만 있고 물증이 없는 경우도 많다. 이럴 때는 신중히 대응해야 한다. 저학년 아이들의 말은 그대로 믿기 어려울 때도 많다. 아이가 선생님에게 안 좋은 경험을 당했다고 판단되면 저학년 아이에게는 시기를 두고 반복해서 묻거나 여러 사람들에게 상황을 들도록 한다. 아이가 억울한 경험을 하면 비교적 동일하게 설명한다. 아이의 진술이 일관되지 않아 신빙성이 떨어져도 부모 마음에 걸린다면 주저 없이 선생님과 면담하자. 싸우려고 만나는 것이 아니라 아이가 왜 그렇게 전달할 수밖에 없는지 선생님과 함께 생각해보자는 거다.

만약 선생님의 문제가 분명한 경우, 담임선생님과 직접 만나 대화가 되는지 살피고 혹 선생님이 자신의 잘못이 아니라고 무조건 방어하면 일대일 면담 말고 중재 선생님(학년주임, 교감, 학생주임 등)을 둔 3자 면담을 하는 것이 좋다. 아이들을 돌보는 선생님도 사람이라 실수할 수 있다. 선생님이 쉽게 잘못을 인정하지 않으면 부모도 몹시 화가 난다. 그런데 아이를 맡기는 상황에서 담임선생님과 각을 세워 싸운다고 자녀에게 좋을까를 잘 생각해야 한다. 선생님도 사람인데 감정이 안 좋은 부모나 학생이면 거리감이 생기고 반 아이들과의 분위기에도 영향을 줄 수 있다.

자녀의 선생님과 부모는
어떻게 관계를 맺어야 하나요?

어린이집이나 유치원 선생님들과는 어렵지 않게 지내다가 초등학교 이후부터 선생님들과의 관계가 힘들다는 부모가 있다. 영유아기 아이의 교사들은 아이 정보를 재빠르게 나누면서 아이에 대해 이야기하기 쉬웠는데 학교는 그렇지 않아서 답답하다고 한다. 학교 선생님에 따라 부모의 방문을 꺼리는 분도 있고 전화나 문자 교류도 원치 않는 경우도 있다.

담임선생님과의 관계에서 먼저 중요한 것은 선생님은 어떤 분이신가를 제대로 아는 것이다. 아이의 문제를 언제든 나누려는 선생님이 있는가 하면 부모가 학교에 오지 못하게 하는 선생님도 계신다. 냉정하게 문제를 말하는 선생님이 있는가 하면 아이들의 문제를 잘 모르는 선생님도 있다. 좀 시끄러워도 활발한 청개구리들을 좋아하는 선생님이 있는가 하면 선생님의 지시에 조용히 잘 따라오는 아이들을 좋아하는 선생님도 있다. 숙제가 거의 없이 자유분방한 분위기로 아이들과 즐겁게 지내는 걸 모토로 여기는 선생님도 있고, 반면 숙제를 꼼꼼히 체크하며 부모에게 숙제 지도를 권하며 부모 숙제까지 주는 분도 있다.

이렇게 다양한 선생님의 스타일을 이해하고 맞추면서 지내려 노력하는 것이 우선이다. 어린이집이나 유치원은 아이의 특이한 성향이나 태도를 받아들이며 달래 주는 일이 많지만 학교는 그런 곳이 아니다. 아이가 사회에 맞추는 것을 연습한다. 선생님의 스타일을 이해하며 맞추는 걸 아이도 배워야 한다. 기분이 나쁘고 너무 싫을 수도 있다. 하지만 그런 감정을 너무 내색하지 않고 사는 사회적 태도도 아이는 배워야 한다.

두 번째로 못마땅한 선생님일수록 자녀 앞에서 절대 선생님의 흉을 보지 않으려 노력해야 한다. 부모가 흉보는 걸 아이가 보거나 듣는 순간 더 이상 선생님을 존경하지 않을 것이고 그러면 선생님이 뭐를 시켜도 따르지 않으려 하고 무시하기까지 한다.

선생님의 부당한 행동으로 자녀도 부모도 억울한 심경이 되었다면 그런 마음은 인정해준다. 선생님도 잘못을 할 수 있다는 걸 자녀에게 알려 주고 선생님이 잘못한 것을 용서받거나 용서하는 것도 필요하다. 그렇다고 선생님을 인격적으로 나쁜 사람으로 말할 필요는 없다. 선생님의 잘못은 잘못이고, 선생님의 인격은 인격이다. 구별해서 말해야 한다. 자녀가 선생님에 대한 태도에서 존경심을 잃지 않도록 도와야 한다. 그래야 자녀가 앞으로 만나는 다양한 선생님들과의 관계에서 만족감을 얻을 기회가 온다.

선생님과의 면담이 부담스러워서 학교에 가기 싫다는 부모도 계신다. 하지만 선생님이 불편해도 자녀를 위해서 면담에는 꼭 참여하자. 학부모 상담은 원하는 사람만 신청하라고 해도 되도록 참여하자. 자녀의 일에 적극적일 필요가 있는 것은 이런 경우다. 부모의 의무이자 권리이기도 하다.

담임선생님과의 면담에서 무슨 말을 할지 난감해하는 경우도 있다. 먼저는 담임선생님께 학교에서의 아이 모습을 듣는다. 그런 다음 집에서 보이는 아이의 장점을 알려 드린다. 학교나 집에서 문제되고 있는 점이 있다면 같이 의논한다. 협력할 방법을 찾으면 좋다. 부모나 교사가 동시에 자녀의 관찰자 역할을 해주면 자녀도 더욱 자신의 문제점을 고치기가 수월하다.

면담에서 여쭙고 싶은 걸 묻지 못하는 부모라면 면담 전에 메모를 해서 간다. 마지막으로는 선생님의 수고에 대해 꼭 감사함을 표하자. 현재는 선생님이 김영란 법에 따라 선물을 받는 것도 극히 꺼리신다. 감사 표현을 하고 싶다면 학년 말쯤 정성이 깃든 손편지로 보람을 느끼게 해드리자.

또래 부모님들과의 관계를
어떻게 해야 하나요?

엄마 모임에 꼭 참여해야 하나요?

요즘 엄마 모임은 처음 산후조리원 동기부터 만들어진다. 영아기에는 엄마들이 아이를 데리고 문화센터를 다니면서 친해진다. 이후 어린이집, 유치원을 거치면서 자연스레 엄마 모임에 끼기도 한다. 이 시기까지는 엄마 모임이 필수라고 느끼지 않을 수 있고 엄마의 성향에 따라 그리 중요하지 않다고 생각하면 크게 신경 쓰지 않는다. 엄마 모임이 주로 엄마 자신의 친한 친구 모임일 수 있다.

하지만 아이가 학교를 입학하면서부터는 상황이 다르다. 아이가 학교생활에 적응을 잘하고 있는지 궁금하고 또래들에게 뒤처지거나 혹은 엄마가 잘 몰라서 아이가 왕따 당하면 어쩌나 걱정되어 엄마들의 모임을 쫓게 된다. 엄마들의 관계는 더 이상 선택이 아니라 필수가 된다. 그만큼 엄마에게도 스트레스 요인이 될 수 있다.

엄마 모임은 초등학교 입학 이후부터 저학년 때까지가 가장 활발하다. 엄마 모임에 엄마들도 꽤 에너지를 쓴다는 말이다. 엄마들도 아이들이 초등학교에 가면 분리 불안을 느낀다. 이를 잘 달래고 어떻게 하면 자녀를 잘 키울 수 있을까를 함께 고민할 사람을 찾게 된다. 특히 가족 누구도 알아주지 못하는 엄마들의 감정에 공감해주는 동조집단이 있다는 건 엄마들에게도 매우 중요한 사회적 자원이 된다. 그래서 또래 자녀를 키우는 엄마와는 그 누구보다 '전우애'를 느낀다.

따라서 가급적 엄마 모임에는 참여하도록 독려한다. 학년 초 학부모 모임이나 반 모임에는 참석하도록 한다. 이후 소그룹 모임을 하나 정도 갖는 게 좋다. 학년 초 학부모 모임과 반 모임을 통해 전화번호도 주고받고 연락하면서 그룹을 하나둘 만든다. 잘만 만나면 초등학교 1학년 엄마 모임이 오래 유지되는 경우도 많다. 하지만 1학년 때 구성된 엄마 모임이 한 번씩 크게 다투고 깨지는 모습도 자주 목격된다. 엄마들도 다른 엄마들과 어떻게 관계 맺는지 모르다가 여러 갈등을 겪으면서 배워 간다. 관계 맺는 데 어려움이 많은 엄마들은 이런 모임에서도 같은 어려움을 호소한다. 잊고 있던 자신의 관계 능력을 다시 보며 반성도 한다. 힘들지만 이러한 학부모 관계 속에서 엄마도 사회적으로 더 성숙해진다.

아이들끼리 다툰 후 엄마들의 관계가 서먹해졌는데
어떻게 하면 좋을까요?

엄마 모임은 엄마의 개인적인 관계가 아니라 자녀를 중심으로 맺어진 관계다. 아이들끼리의 문제가 엄마들의 관계 문제로 얽혀지는 이유가 여기에 있다. 엄마끼리는 전혀 문제없는데 아이들이 만나기만 하면 싸울 경우 괜히 엄마들도 껄끄러워진다. 이렇게 느끼는 이유는 '엄마가 친하면 아이도 친하다'라는 생각에 아이와 자신을 동일시하기 때문이다.

이때 중요한 것은 아이들 싸움이 어른들의 싸움이 되지 않도록 하는 부모들의 어른스러운 처세다. 자녀가 당한다고 느끼거나 자녀가 한 행동보다 상대가 더 불만스러워하는 모습을 보이면 억울하고 분하기까지 한다. 부모와 자녀의 동일시 감정은 더 쉽게 자녀의 일을 부모 자신의 일로 여기게 만든다. 따라서 자녀들의 싸움이나 갈등을 부모가 개입해서 해결하려는 태도를 줄이는 것이 중요하다. 부모는 기분 나쁠 수 있다. 당연하다. 그렇다고 부모가 대신 아이 친구랑 싸우거나 아이 친구 부모와 싸우는 것은 부모 자신이 아이가 되어 버리는 유아적인 태도다. 부모는 아이가 스스로 문제를 해결하도록 조언하면서 직접 개입하지 않도록 하며 부모끼리의 관계는 분리해서 다룬다. 이것이 부모로서 어른스러운 모습이다.

혹시 감정을 너무 앞세워 서로 서먹해졌다면 먼저 화해하려는 시도를 해보자. 상대가 기꺼이 받아 주면 관계는 회복되지만 만약 거부한다면 그것도 받아들인다. 내가 원해도 상대가 원치 않으면 관계는 끝나는 것이다.

생각보다 엄마들 중에는 내 아이에게 어떤 피해를 받았다 여기면 관계를 단칼에 끊어 버리는 엄마들도 있다. 이런 성향을 가진 사람과 관계를 다시 맺으려는 것은 헛수고만 된다. 공이 상대에게 넘어간 만큼 상대의 반응에 따라 행동하는 수밖에 없다. 화해를 받아들이는 사람과는 관계가 회복될 것이고 거부하면 끝나는 거다. 싸움 후 충분히 어른스럽게 대처한 것이고 이후의 결과는 상대가 넘겨주는 공을 보면서 반응하는 수밖에 없다. 관계의 흐름을 거스르려 말고 따라가자.

아이에게 문제나 장애가 있을 때
다른 엄마들과 어떻게 관계를 맺나요?

우리는 자신의 모습에 당당하다고 느낄수록 모임에 적극적이게 된다. 엄마 모임은 자녀의 학교생활 모습이 곧 자신의 모습이 되곤 한다. 자녀가 학교나 학급에서 좋은 수행을 보인다고 느끼면 엄마 모임을 나가는 것이 어렵지 않다. 아이들의 반장이 엄마 모임의 반장이 되는 일은 우리 사회에서는 꽤 흔한 모습이다. 자녀가 성공하면 엄마들의 지위가 같이 올라가는 특이한 현상이 우리에게 있다. 아마도 엄마와 자녀를 동일시하는 경향이 높아서 그런가 보다. 반대로 내 자녀가 문제가 있다고 느끼거나 실제 어떤 장애가 있다고 여겨지면 엄마들 모임이 무척 꺼려진다. 자신의 아이가 피해를 준다고 불평을 듣는다면 더욱 피하게 된다.

자신은 원래 사교적이고 다른 사람들과 어울리는 것도 좋아했는데 아이의 문제로 집안에만 있다 보니 삶이 왜 이렇게 바뀌었는지 모르겠다고 한탄하는 엄마들도 종종 만난다. 이분들은 어쩌다 나가서 어떤 아이로 인해 힘들다는 엄마들의 이야기를 들으면 왠지 눈치가 보인다고 한다. 그냥 엄마들 모임인데 한번 사귀어 보시라고 권해도 자신이 뭔가 미안해지는 상황이 되는 게 힘들다며 피한다.

혹은 아이에게 장애가 있을 경우, 자신과 전혀 다른 고민을 하는 엄마들의 모습에 이질감만 느껴져 꺼려진다고 한다. 이 부모들의 고통은 멀쩡하게 살아오다 갑자기 아이로 인해 이방인 같은 삶을 살게 되어 받는 외로움이 많다. 자신의 처지와 다른 엄마들의 모습에 상처를 받으니 차라리 안 나가겠다는 마음을 어찌 강압적으로만 말할 수 있겠는가.

하지만 이런 회피가 엄마의 개인적인 삶에는 암적인 존재가 될 수 있다. 관계를 피하는 게 거부가 되면서 스스로 소외시킨 결과, 갇힌 삶에 대한 분노가 고스란히 자녀들에게 돌아가기도 한다. 부모의 개인적인 관계를 만들 수 있는 엄마 모임도 있다. 그러니 너무 겁먹고 피하려고만 하지 말자는 이야기다. 부모가 당당해야 아이들도 당당하게 학교생활을 할 수 있다. 당당하라는 것은 내 아이가 피해를 주는데도 뻔뻔하게 행동하라는 말이 아니다. 아이의 문제행동이나 장애가 있음을 알리고 협조하면서도 비굴하지 않은 모습이다.

엄마 모임보다 더 중요한 모임은 같은 문제를 가진 사람들과의 모임이다. 이런 경우, 서로의 고통을 이해하며 돕는 방법을 강구할 수도 있고 심리적인 위로도 얻을 수 있다. 몇 년 동안 엄마들 스스로 모임을 만들어 활동하는 사례가 있다. 〈서초 엄마 모임〉은 서초구 정신보건센터에서 교육을 통해 2012년에 만나기 시작한 엄마들이 꾸준히 자발적으로 모임을 이어가는 경우다. 이 모임은 2015년부터 자체 기구로서 서울시의 지원을 받는 모임이 되었다. 다양한 교육

서비스를 받고 엄마들의 친목도 늘리고 있다. 엄마들의 재능 기부도 있고 아이뿐만 아니라 자기 삶의 목적도 찾아가는 건강한 자조 모임의 대표적인 사례다.

일하는 엄마로서 다른 엄마들과 관계를 어떻게 만들어 가야 하나요?

일하는 엄마들의 비율은 나날이 높아간다. 현재 우리나라에서 육아 휴직 후 다시 복직을 희망하는 엄마들은 50%를 넘는다. 한 세계적인 대형 커피전문점의 경우 80% 정도가 다시 복직했다고 한다. 맞벌이 가정이 늘면서 워킹맘들을 위한 배려도 필요하다. 그런데 아직까지 엄마 모임은 워킹맘에게는 꽤 야박한 편이다. 일부러 배제시킨다기보다는 워킹맘의 사정을 헤아려 주는 경우가 거의 없다는 말이다. 따라서 엄마 모임에 대한 워킹맘의 개인적인 태도가 더 중요하다. 어떻게 모임에 임할지, 어느 정도 적극성을 보일지는 엄마 개개인의 소신과 노력에 달렸다.

워킹맘으로서 엄마 모임에 참여하려면 자신들의 상황을 설명하고 함께하려는 의지가 있음을 피력해야 한다. 먼저 다가가야 한다. 다른 엄마들이 챙겨 주기를 바래서는 안 된다는 말이다. 자주 권하는 방법은 엄마 모임을 적어도 한 번은 저녁이나 주말에 만나도록 요구하고 적극 참여한다. 평일 저녁 모임에 끼기 어렵다면 주말에 아이가 원하는 몇몇 친구의 엄마들을 집으로 초대한다. 먼저 손을 내밀고 관계 의지를 보여야 한다.

또한 워킹맘이 취약한 정보를 잘 공유받기 원한다면 다른 엄마들에게 베푸는 모습도 필요하다. 주는 것이 있어야 받는 것이 있다. 돈을 번다는 것을 부러워하며 질투하는 엄마들도 많기 때문에 그런 감정으로 미묘하게 갈등이 생기지 않도록 먼저 차나 간단한 디저트 정도를 자발적으로 베푸는 것이 좋다. 우리 문화는 한솥밥 문화다. 함께 먹고 마시면서 친해지는 경우가 많다는 얘기다. 먼저 식사 자리를 마련해서 어색한 분위기도 바꿔 보고 엄마 모임에 끼려는 노력을 한다.

'꼭 이렇게까지 해야 하나' 싶은 생각이 들거나 외부 모임을 따로 만들기가 부담되는 성향이면 오프라인 모임 말고 온라인 모임에서라도 정보를 나누고 소통하자. 현재 자신이 사는 아파트 단지나 지역 맘끼리, 혹은 워킹맘끼리 구성된 연령별 온라인 모임들이 있다. 사람들과 적극적으로 교류하는 게 불편한 부모라면 온라인을 통해 비교적 솔직하게 자기 상황을 이야기해보자. 그를 통해 직접적으로 자녀를 도울 수 있는 교육, 양육 정보를 나눌 수 있다.

저학년 때는 학교에서 학부모 공개수업을 하는 경우, 휴가를 내어서라도 참석하는 것이 좋다. 학년이 어릴수록 엄마가 학교에 와서 자신에게 관심 갖는 걸 적절히 보이면 아이도 기세등등해한다. 저학년이면 아직 혼자 다른 사람들을 만나 자신을 드러내기 어려운 나이다. 부모가 자신을 지켜봐 준다는 확신이 생길 때 아이는 외부세계에 대한 두려움을 넘어 용기 있게 적응하려고 한다.

나를 통찰하며
남과 공감하자

마음이 맞는 사람과의 이야기는 시간이 가는 줄 모르고 흐른다. 어른이 되면서 깨닫는 점 중 하나는 그런 사람과의 만남이 얼마나 어려운가다. 내 맘을 훤히 보이고 편히 대할 사람을 가리게 되면서 맘이 맞는 사람과의 만남은 인연처럼 반갑다. 이미 많은 사람들과의 세월 속에서 소통 맛을 알게 되고 그 맛의 대상을 구별하게 되고 아무나 친해질 수 없음을 알았기 때문일 게다.

아이들은 어떠할까? 혼자를 넘어서 미지의 세계에 있던 친구의 존재를 알게 된 순간 아이들은 흥분하고 즐거워한다. 친구와 놀고 싶다고 떼를 쓰는 모습은 잘 자라고 있다는 증거이고 아이답다. 사춘기 즈음이 되면 우정 어린 친구를 만들기 위해 '관계 맺기'의 과정으로 서로에게 '길들이기'가 시작된다. 잦은 만남과 연락, 자신을 개방하며 서로 깊이 알아 가는 노력을 통해 접점이 맞는 친구를 찾는다. 자신에게 맞는 친구와 노는 맛에 빠지는 것은 너무나 자연스럽다.

친구와 이렇게 행복한 경험 못지않게 싸움과 갈등도 자연스런 과정이다. 사람이 느끼는 고통에서 죽음의 근접 같이 느껴지는 경험 중 하나가 '인간관계의 고통'이라 한다. 이런 고통을 자녀들이 너무 이른 시기에 경험한다면 그 고통은 더욱 심각할 수밖에 없다. 자녀가 견디기 힘들 정도로 친구와 갈등을 경험한다면 인간관계에서 트라우마를 만들고 사람에 대한 신념, 기대, 관계 맺기 같은 전반적인 대인관계 능력에 부정적인 영향을 받게 될 것이다. 친구나 공동체를 멀리하거나 거부하는 등 사회성 문제가 생긴다. 부모는 이러한 자녀의 사회성 문제를 미연에 방지하려는 노력을 해야 한다. 부모의 주 관심사인 자녀의 학업에만 집착하지 말고 특히 유아기와 아동기에는 사회성 발달이 적기 교육이 되는 중요한 시기란 걸 깨닫고 이를 충분히 자라도록 돕는 관심과 노력이 필요하다.

미래학자들은 앞으로 자녀들이 살아갈 사회에서 요구하는 일들은 협업을 통해 메디치 효과(*서로 다른 분야의 요소들이 결합할 때 각 요소가 갖는 에너지의 합보다 더 큰 에너지를 분출하게 되는 효과)를 만들어 내도록 권할 거라 예상한다. 또한 자녀는 세계 시민의식이 요구되는 세상에서 살아가게 될 거라고 한다. 미래를 행복하게 살아갈 아이로 키우기 위해서는 공부만으로는 부족하다. 어쩌면 자녀의 대인관계 능력이 더 중요한 자원이 될 수 있다.

대인관계는 동일한 사회적 현상이라도 개개인이 경험하는 심리적인 현상이 다르기에 하나의 일관된 답으로 제시하기 어렵다. 아이들이 친구 관계를 잘 맺으려면 '눈치와 기분'을 잘 읽어 내고 사람 간의 경계를 볼 줄 아는 감각이 필요하다. 하지만 사람마다 그 '관계의 선'이라고 말하는 경계가 다르고, 허용범위도 때마다 달라진다. 이걸 알아차리는 게 눈치와 기분이다. 이러한 사회성을 한마디로 정의한다는 게 오히려 더 위험할 수도 있다 다양한 사람의 사회성 특성을 무시하게 되기 때문이다. 사회성을 기른다는 개념은 끊임없이 다양한 사람과의 부대낌 속에서 나의 프레임을 넘어서서 다른 사람의 다양한 프레임을 인정해가는 것이다. 그러기 위해 먼저 '나는 어떤 사람인가'를 통해 나의 프레임을 제대로 이해해야 한다. 그리고 나와 다른 프레임의 사람을 편견과 차별로 대하지 않도록 주의한다. 이것이 나의 통찰을 바탕으로 남과 공감하는 길이다.

다름을 차별하지 않고 수용하려는 자세는 아이 혼자서 저절로 키워지진 않는다. 크게는 사회가 작게는 부모가 먼저 본이 되어야 할 것이다. 좋은 만남은 사람을 바꾸고, 사람은 운명을 바꾼다는 말이 있다. 좋은 만남을 바란다면 나의 자녀가 먼저 좋은 사람이 되도록 하면 어떨까? 비록 작지만 나부터 시작하는 개혁이 사회를 바꾸는 작은 힘이 될 수 있다. 慮以下人(려이하인)이라는 말이 있다. '타인에 대한 겸손, 양보를 생각한다'는 뜻이다. 또한 '남에게 대접받고자 하는 대로 남을 대접하라'는 말도 있다. 자녀 혼자 세상을 살아갈 수 없다는 점은 모두 인정할 것이다. 공동체 속에서 사는 우리는 함께하는 사회를 생각하며 자녀를 키워야 자녀도 안전하다. '나를 사랑하면서 남을 배려하는 자세'를 배우지 않으면 그 피해는 부메랑이 되어 다시 자녀에게로 돌아온다는 점을 기억하자.